U0180041

御风行者

油麻菜野生动物拍摄手记

黄剑 著

華中科技大學出版社
http://www.hustp.com
中国·武汉

我非常喜爱野生动物摄影，这不仅是份工作，也是因为我喜爱的摄影能和我喜爱的动物结合起来。我有时觉得这是一种游戏，是对自己的毅力、耐力、体力和智慧的挑战，也是对自然了解和理解的过程

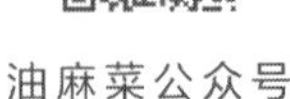

油麻菜公众号

油麻菜视频号

序

1999 年，动物世界栏目制片人王采芹来邀请我加入一部普氏原羚纪录片的拍摄。当时我的女儿就快出生了，一番纠结之后，我遗憾谢绝。后来王采芹告诉我栏目邀请到一位福建摄影师完成了拍摄，那是我第一次听到黄剑的名字。

2000 年前后，我的朋友何亦红在《户外探险》杂志上做了一个《50 个人的户外梦想》，把我放在里面，巧的是我也看到了黄剑。虽然不曾谋面，但是瞬间觉得很亲切。

2011 年，应摄影师“军长”的邀请，我去了福州，终于见到了黄剑。那天晚上，我们就像认识了十几年的朋友，聊了很久，他把我送到酒店，我又把他送回家，他又送我回酒店……没想到，我们之间有那么多相同的经历和相似的梦想。

我们都是骨子里不安份的人，换过很多次工作。巧的是我们第一份工作都是在各自所在的省林业厅，后来又都进了电视台……我们热爱拍摄的题材都是户外，尤其是野生动物。只不过黄剑的爱好更多，而我，只笨笨地在一条路上走到底。

见过之后，我们一直期待有机会合作拍摄野生动物纪录片。不过像是没踩对节拍似的，机缘总还差那么一点点。逢年过节，我们电话拜年时，我总是忍不住提醒他："你还记得你的梦想吗？"生怕他又跑去航海或者记录中医，忘记野生动物了。

2020 年，我忽然冒出一个想法，用 iPhone 手机拍滇金丝猴，于是约了两位兄弟去白马雪山崩热贡嘎大山营地走走。三十年前，我从事影像保护自然的工作就是从那里开始的。这次黄剑终于加入了我们，旅行归来，还做了一个特别有意思的纪录片《崩热贡嘎》。

2021 年，我又邀请黄剑到青海三江源一起拍雪豹，来来回回四五趟……年过半百，我们俩终于背靠背，一起做我们喜欢的事。

黄剑把这二十多年来在青海拍摄野生动物的故事汇集成册，叫作《御风行者》，里面还有我们一起去三江源寻找雪豹的故事。他是个多面快手，不仅自己拍摄、剪辑、导演，竟然还会写作和绘画，真让人羡慕。

总之这真是一件非常棒的事情。我希望通过黄剑的书影响更多的人，带动大家用好手中的设备去关爱自然、表达对自然的爱，加入到我们用影像保护自然的行列里面来。

奚志农（野生动物摄影师）

关于“油麻菜”

三十年来,《油麻菜籽》一直是我们最钟爱的歌之一。后来,黄剑就给自己起了个别号：油麻菜。

某日,油麻菜回家后眉飞色舞地说:中央电视台《动物世界》的编导王采芹邀请他和著名野生动物摄影师奚志农、祁云一起,赴青海拍摄普氏原羚。其时，他正在东南电视台做一档纪实栏目,经常看着Discovery的节目郁闷——“这才是拍电视的！”

正感慨，瞌睡来了，递枕头。那边王采芹又一个电话：“奚志农他们都来不了了，只剩你一位摄影师了。”

就这样，油麻菜借着与生俱来的自信踏上了西行的旅程，在他的职业生涯中这算是头一遭，因为在野生动物摄影方面，此时他实在是个门外汉，连带进门的师傅都没有……

某日，油麻菜喜不自胜，说要坐一艘长 8 米的帆船从厦门漂流到西沙。老天，这个游泳从未及格过的人要在茫茫海上漂流 20 天吗？他倒不认为这是个问题，因为“万一掉到海里，会游泳的和不会游泳的也没啥两样！”

某日，油麻菜在电话里得意洋洋地宣布："我要先从泸沽湖走到稻城，然后再飞到西藏走墨脱去！"

"两个月的行程，又全是高原最难走的路，不会累虚脱吗？""我现在就每天走路上下班当作练习了，没问题的。"

某日，油麻菜欢天喜地嚷嚷说他入选沃尔沃环球帆船赛的媒体船员啦！为时一年的海上马拉松，同伴都是身长八尺以上的壮硕运动员，你这小身板真的没事吗？更何况语言不通，鸡同鸭讲！

他信心满满道："我摸着摄像机就知道该干什么了！"

油麻菜这种近似天真的乐观总是令我意外，奇怪的是，每一次他的念想总能成真。我一直觉得上帝分外眷顾这个人，给了他矫健的体魄、自由的灵魂、开朗乐观的性情，还有探索发现的精气神。自由与梦想同步，多么让人羡慕！

摄影和旅游，一向是油麻菜的最爱。他最初的渴望是做一个像亚当斯那样的伟大摄影师，然后揣着相机游遍千山万水。1993 年，我们倾囊而出买了他的第一台相机：尼康 fm2。等到相机入怀，口袋里只剩下一人吃一碗面的钱，可是我永远忘不了那一刻他眼里闪闪的亮光。我觉得他真是很容易满足——手里有相机，眼前有天下美景可拍，生活难道还有所求？

作为摄像记者，油麻菜一年中有大半时间在外"游荡"。能以自己的兴趣为职业的人是幸福的，他又是这些幸福者中的幸福者。给他机会去一个新的地方，尝试一次新的拍摄、一次新的冒险，对他来说就是极大的褒赏。每当此时，就再没什么能阻止他已经远飞的心了。先是连着几天没日没夜到处找资料，接着便是细心准备行装（关注点全是摄影摄像器材）。临出发那天，他一定睡不好觉，然后起得绝早，坐在桌前开始此行第一篇日记。

一旦上路开工，乐呵呵的他就像换了一个人，“面色如铁，目中无人”，摄像机和照相机代替他的眼睛和思维。他不许自己犯错，也不许同伴犯错。哪怕滴水成冰的时节，他也同样凌晨即起，扛着摄像机出门，就怕错过一个值得记录的清晨；他一个人驻扎在沙漠中的小丛林，遍布狼迹，苦等普氏原羚的芳踪；他日复一日守在青海湖一隅，从清晨到日暮只有鸟影相随；他跋山涉水涉险滩，连土生土长的背夫都由衷钦佩；他航海漂流，同伴全都晕船的时候，他独自驾着小帆船在6米巨浪中飘摇前行；他去沃尔沃帆船赛，哪怕狂风暴雨，也努力抱着摄像机与浪共舞……和他的敬业同行的是他那颗勇敢无惧的心。我始终觉得，每当这样的时候，一定是油麻菜最帅的时候了。

三十年来，他从没停下脚步，也从没停下记录的笔。而我，最喜欢跟在后面读这一页页在最艰苦的环境里写下的日记，满纸欢欣，一片赤诚。

有一天，油麻菜对我说，如果哪一天我觉得快崩溃了，一定要告诉他，他就不再出游了。然后我们相视大笑，都知道这句话属实是听听就好，当不得真。你看，青海的雪豹不是又在雪山上召唤了么……

黄花菜（油麻菜太太）

目录

寻羚记

我一个人静坐在这遥远的青藏高原的沙漠中，守着前方的一片小树林。高原的太阳赤裸裸地照在小帐篷上，帐篷里的温度很高，但我除了帐篷无处容身。风不停地掀着帐篷。有一只和我一样孤独的茶蝇正绕着帐篷飞舞，我甚至希望它能飞进来和我作伴。

前两天，竟然在网上找到了2000年我在青海湖边为中央电视台《动物世界》栏目拍的《普氏原羚》纪录片的片段，视频时长4分钟，让我一下回到22年前，非常惊喜。那时我那么年轻有力，可以像羚羊一样在草原荒漠奔跑。原来那么多的记忆，都一直藏在心里很深的地方。

据中科院动物专家统计，普氏原羚是中国濒危的偶蹄类动物，2000年前后，只剩下不到300只左右在青海湖环湖一带活动。为记录这种极危物种，《动物世界》栏目用了近两年时间，跟踪记录普氏原羚，制作完成了一部纪录片。

这部纪录片原计划邀请3位野生动物摄影师来完成，另外两位是奚志农和祁云，由于种种因素，最后只剩下我一人。野生动物拍摄相当艰苦，尤其在中国拍摄被长期围猎追杀、最后仅存的少量普氏原羚，难度更大。在长达4个月的拍摄中，对于年轻的、没有太多经验的我来说，是一次艰巨的挑战，好在那个年轻的油麻菜一路奔跑，愈战愈勇，顺利完成了拍摄任务。

成为一名野生动物摄影师，是我长久的梦想，也是我一生的骄傲。我顺手翻看自己当年的拍摄手记，忍不住心旌摇动。当时的文字虽粗糙跳跃随心，但诚意满满斗志昂扬，对生活充满激情和爱。

2000 年

5 月 17 日

清晨 5:00，儿子在睡梦中忽然发出愉快的笑声，这种笑声是平时我们和他玩藏猫猫以及他回家上楼梯时才会发出的。被他吵醒之后我换了个位置，睡到他的身边，望着他侧脸极可爱的轮廓，再也睡不着了。

不知道儿子做的是什么美梦。但是今天，我就要开始圆一个我多年以来的梦。

现在我正坐在飞机场的候机厅，准备飞往北京。在北京停留一天后，再和中央电视台《动物世界》的制片人王采芹等两位负责人一同飞往青海省西宁市，在那里开始将近两个月的野生动物拍摄工作。

这件事筹划已久，我们拍摄的是中国独有的一种羚羊——普氏原羚，目前据说仅存不到 300 只，非常稀有。

大后天就要开拍了，但我对普氏原羚一无所知。好在拍摄地已有两位中科院博士生在等我们的到来，他们在青海的主要工作就是研究普氏原羚。

我的目的地在青海海南藏族自治州共和县。那里有一条河自东向西，流入青海湖的河流叫“倒淌河”，文成公主从那里走过。湖和塔尔寺也在那附近。

《人与自然》的制片刘主任正采购我们西行的帐篷、睡袋和发电机。如果

连发电机都要买，可见我们要去的地方条件够恶劣的。但无论如何我都会坚持把片子拍好。我天生就是干电视的，而且就想干得最棒！

2000 年

5 月 18 日

今天到中央台批领设备：数字机、无线话筒、机顶灯、脚架（带小皮鞋）、清洗带、多块电池、擦镜用品（吹球、镜纸）、充电器、滤镜、背带、托板。

据王采芹说，我们使用的设备和上次其他栏目组拍金丝猴时用的一样，这让我有些担心它的倍率。据说普氏原羚最近距离是 50 米左右，要拍到局部特写困难就蛮大的。

2000 年

5 月 19 日

来到西宁，风沙漫漫。

傍晚见到中科院的两位博士，他们和我接触过的其他搞科研的人一样，单纯、乐观、朴实，也很热情。

刘博士说种羊场离西宁 130 公里，有招待所，还能看到十四寸彩电，手机在那里也有信号；只是没法洗澡，他在那里还从来没洗过；电也不稳定，有时会停上几天。据他们说，当地人喜欢宰游客，对我们这样去干活的人会很好。按他的说法是，只要不表现出很有钱的样子都没事。

平时他们都在招待所吃饭，青菜很少，也很贵，是西宁价格的三倍，肉倒是可以大把地吃。一般情况下你出钱人家也不卖了。可晚上我问刘博士想吃什么时，他说：“手抓羊肉！”

2000 年

5 月 20 日

清晨 6:13 醒来，看到天已经亮了，就背起相机出门。先上宾馆 21 层楼顶，拍了日出时的西宁全景。在拍全景时就听见不远处公园林中不时传来众人的喊声，于是循声找到儿童公园，里面清一色的中老年人在锻炼。这里的人锻炼起来比较“粗糙”，不少人在揉面似的扭动身体，还有人在打羽毛球，更多的是一群人凑在一块儿喊：“喔——”。我甚至还见到一个人吊在树上荡来荡去！

我满脑子都是普氏原羚，甚至做梦都在守候。

上午大伙儿一块儿在西宁大采购，买了诸如迷彩服、卫生纸、“热得快”等必需品。我一再要求简单些，因为太多的行囊可能会阻止我们的快速行动，而且中科院的博士都能生活得好好的，我们也没理由娇气。

2000年

5月22日

已经坐在湖东种羊场的招待所里了。我和中央电视台的摄像助理鹏鹏住的是套间。我住在外间，屋子的一侧有个大煤炉，还有根烟囱直穿屋顶。这间屋子原来是个值班室，之所以住在这里，是图这个屋里有部电话，方便联系。我们有台电视，可是必须用东西（电池）抵住频道按钮才能看。钟也不会走，电话只可用免提。上一趟厕所要走185米，水龙头在135米之外。

种羊场海拔3250米左右，我和鹏鹏基本无高原反应。

6 10 '00

2000 年

5 月 23 日

清晨 5:00 起床，叫醒大家。5:45 出发。草原的清晨微冷，我们的老北京吉普吭哧吭哧地在高原上穿行。6:15 太阳出来了，冷暖色调交融在一起，美极了。

远远的地方有一只普氏原羚，望了我们一眼便消失在远处。人类对它们的伤害使它们永远和我们保持安全距离，拍摄它们将是极难的事情。

在“30 公里”处的沙丘上我们又发现了三四只普氏原羚的足迹，于是一路追踪，但最终除了一堆新鲜的原羚粪便外一无所获。

我已经学会了如何分辨狐狸、兔子的脚印。

2000 年

5 月 24 日

拍摄工作才开始第二天，大家就都累得不行了。可能是因为我逼得太紧了，好在大家都还理解。等我们的掩体做好之后情况会好转。

今天发生了一件不幸的事情——我们的设备出了故障，连磁带都无法退出。鹏鹏目前也解决不了，这比无法接近羚羊还让我头疼，因为这一耽搁可能就是几天的时间。而时间，对我来说太宝贵了。

据刘博士说，在沙丘地深处他还发现过一片树林，虽然不太大，但那里的动物很多，羚羊也不少。如果真有这么一处地方，好好把它拍一下也可以做成片子。也许明后天，我就住到那里去。

为我们开车的师傅姓汪，也是汉族人，但模样和藏族人没有什么区别。每当我们走入沙丘，他就一个人坐在高高的沙丘上，像个哲人一样静默地望着远方，等着我们回来，太阳再大他也不躲开。

今天到西头，在距种羊场 25 公里处下车。因为昨晚下了雨，

在草场和沙地上都能见到动物走过时留下的清晰足迹。我们很快找到了普氏原羚的足印，于是一路追踪。从脚印上看，我们追踪的对象有两只，脚印时聚时散，向远处洒去。我和刘博士、鹏鹏扛着摄像机和三脚架深一脚浅一脚地跟踪追击。路上他俩忍不住感叹起来，鹏鹏说他前几天怎么就不出差呢？赶上了这一趟。刘博士则后悔前年暑假偷懒，结果可以待在动物园里研究的好选题被别人拿去做了，自己在这里一待就是两年。后悔之后大家就开始幻想有什么好吃的和好玩的。鹏鹏说想回北京坐地铁了，我则希望去饭店里喝一大锅西红柿蛋汤。

下午在索尼公司技术员的电话指导下，摄像机恢复工作了。机器的问题解决了，可我们的汽车又出现了故障。下午的工作泡汤，于是抽空洗头洗袜子，我到这里后还没洗过澡呢！

puma

2000 年

5 月 25 日

一早就刮起了大风，穿三件衣服还冷。

上午兵分两路：雷博士带两个木工做掩体，我和刘博士、鹏鹏继续搜索。风很大，羚羊的脚印很快就被风抹去了。它们像是在合伙捉弄我们，在等我们精疲力竭地退出搜索。不过今天还是拍到了一些镜头——沙地上的弹壳、草地上狐狸的尸体、被狼屠杀的普氏原羚的尸体……鹏鹏走得累极了，说真想变成一个球，让脚劲大的人一脚把他踢出沙漠。

经过这几天的工作，我倒是觉得自己和普氏原羚的距离越来越近了。我真的能和它面对面吗？我的地毯式搜索工作将告一段落，剩下的将是蹲点苦候。

午觉醒来打开门，外面竟是一片白茫茫，大雪纷纷！真是让我惊呆了。刘博士认为下雪就不该出门，司机也说车开不了。但在我的坚持下他们只得听从我的要求。第一站到了水源处（24 公里）。小汪的老吉普车居然没有雨刮。雪下得很大，很快挡风玻璃就被雪封住了。小汪只好右手开车，左手拿着鸡毛掸子拂雪，这也算是个奇景了，再过许多年我也忘不了。

我想拍点草场和沙地的雪景，于是鹏鹏和雷博士只好扛着架子跟在我身后。很快大家的鞋袜都湿了，加上天气又冷，行动异常艰苦，但没有人言退。鹏鹏还笑着说他是参加铁人三项比赛来了。就在我们准备收工的时候，汪师傅从公路上赶来，说在路边看见羚羊了！

不久，我们就见到远处山头有一群普氏原羚在游荡，大约有 12 只。也许因为发现了我们，羚羊很快就翻山走了。我实在受不了这种诱惑，于是扛上机子一马当先追了过去。

翻过最高的一个沙丘时，那群普氏原羚终于出现在前方 100 米处！它们警觉地望了我一眼，就迅速向远方的沙漠继续挺进。如果我的经验更足一点，也许能拍到更多的镜头。经验总是慢慢积累的，我能拍得更好！

我计划在那片小树林附近搭两个掩体，以那两个点为主要的拍摄点，长久地守候下去。现在我最大的心愿是能拍到它们产仔的过程。我要让人们在电视里清楚地看到普氏原羚的眼睛。那将是怎样的一种眼神呢？

2000 年

5 月 26 日

今天小汪的车要到海南州去采购。由于前些天的艰苦工作，大家也都累了，我决定让大家睡个懒觉。可早上 7 点我还是从床上爬起来了，透过窗角，看见天亮晃晃的，外面鸟儿鸣啭，远处沙丘上有羚羊在奔跑。我怎么也等不了了，还是得出去转转。

我感觉越来越能接近草原上的动物了。据刘博士说，普氏原羚并不怕藏族人，因为藏族人从来不打猎。也许是因为我多天没洗澡，又吃了很多牛羊肉，气味和藏族人没两样了。

“我是山谷里最好的杀手。”有一个西部片中的枪手是这么说的。那么我将是草原上最好的摄手。雪后的草原是怎样的风景呢？

7:30 我背上摄像机和照相机出发，朝与平时相反的方向走。刚出村口，看到有几个四川人正在晒太阳、看雪景。

于是我的队伍壮大起来。他们中有两人为我背相机和摄影包，我则不停地拍着雪地里的鼠兔、兔子和鸟。他们告诉我抓住了一只鼠兔，于是我们用一根绳子绑住它的脚，把它放在芨芨草丛中

和鼠兔洞口。别人一定会惊奇我怎么能拍到这样的大特写。

我和鹏鹏的邻居是一群四川工人，他们正在为种羊场盖综合大楼。我们之间的交往越来越多——我们到他们的水龙头那里去打水，他们到我们这里来打电话，请我们为他们新买的 VCD 接线。大家都是异乡客，本应好好相处。

今天一早两个博士也出门了。下雪后的草地沙丘很适合他们观察和追踪动物。野生动物考察这活儿真不是常人能做的，已经 12 点了，他们还没有回来。刘博士是从 1998 年底开始调查普氏原羚的，一直是一人孤行，据说他走遍了这一带的草地和沙丘。他还画了一幅当地的地图，说是比国家地图还要准确详细。雷博士的工作是对当地的生态和地理结构进行调查了解，为建立保护区提供依据。

刘博士说他的工作已经基本完成，可能再过十几天就能回去了。在我看来，他在工作中干得最多的是捡拾羚羊的粪便，把它们装进塑料袋，并在发现的地方用GPS定位。他说能用粪便分析出羊群的遗传基因，而这些基因用来做什么，他告诉过我，我却老也记不住，真是隔行如隔山。

昨天的煤炉怎么也烧不起来。今天服务员看了之后说我拾的煤其实是 3 块石头，难怪我敲它们的时候要用斧头。

邻居的水龙头被昨天的雪冻住了，我们又要到 135 米处去取水。在这种条件下生活的人们，与自然的关系显得特别密切。在这里，自然界的规律才是主宰。

鸟儿四处可见，像春天一样。我到这里才仅仅 5 天，就像过了春天、夏天和冬天三个季节一样。

雷博士先回来了，坐在我身边，身上发出一股怪臭。他说上午见到 20 只鸟吃一只羊的尸体。对于我们来说，自然界的生生死死都是关注的焦点。

雷博士个子不大，头发像绵羊毛一样散乱地盘在头上，起码一周没洗了。因为在野外风吹雨打，他的大鼻子特别黑，戴着一副硕大的眼镜，一看就是书读多了的人。他比我小一岁，但鹏鹏总叫他“老雷”，他的同事则叫他“雷公”。

2000 年

5 月 27 日

凌晨 5:15，表的定时叫醒又响了。

我躺在床上想，我这是在干吗呢？家里多温暖，有老婆孩子，可以上网，看球赛，喝世上最好喝的铁观音茶，和朋友们打打牌、喝喝酒……何必呢？在这蛮荒地带，每天凌晨在寒冷中哆哆嗦嗦地穿行在草原荒漠里，寻找那和我毫无关系的、从没听说过的普氏原羚。

可是当我们的吉普车穿行在草原上，看着晨霭中的马儿、牦牛和羊群悠闲地在草地上游荡，看着旭日把天边渐渐染红，我又把所有的烦恼给忘了。

上午计划到元者去找羚羊。到了元者之后，发现整片草场都被围栏分割得像棋盘一样，布满人家和羊群、牛群、马群。汪师傅说羚羊根本不可能在这里生活。果然两博士四处逛了两个小时一无所获，小雷的密封袋里仅仅装了十来根羚羊毛，说是在一堆羊粪上拣到的。他同时还拣了三袋羊粪，刘博士一看说全是家羊的，大家都笑起来。

据说在元者有人见过最大的一群普氏原羚，有68头之多。1979年《美国国家地理》杂志曾经有两名摄影师也在此拍到过。当时这里还没有围栏，他们用3辆吉普车包围追赶羊群到一道土墙前，成功地拍摄到这种动物。

还有一位来拍羚羊的电视人，据说是林科院的，也很能吃苦，但他的运气实在不好——他的小帐篷被风吹走，摄像机也被风沙弄坏了，很失败地待了3天就离开了种羊场。难怪那天中央电视台的人说，我是第一个拍到普氏原羚的中国人。

我准备调整一下工作时间，以下午守候为主，时间在15:00至21:00之间。

下午又到“24公里”处寻找普氏原羚，不久就在1000米外发现有羚羊在游走。我和鹏鹏拔腿猛追。我的计划是赶到它们前面去，先埋伏好，等它们出现。可到了预定地点却发现有许多刚刚走过的羚羊足迹，不知是不是刚才那群留下的。

此时雷博士在我们右侧远处，很可能羚羊是受到了他的惊吓——羚羊若是见到人一定会和人走同一个方向。于是我让鹏鹏先等一下，自己慢慢爬到山脊处眺望。果然，在离我们200米远的东北方向，我见到了4只羚羊。这时刘博士也出现了，我赶忙让鹏鹏通知他注意不要暴露，接着架好脚架，上好机器录了一段，可惜距离还是太远了。

羊群似乎也有所察觉，一动不动地望着我们的方向。拍了一段后我和鹏鹏

又沿着西头的山脊再次接近，又拍了一段。我已经学会不着急了，先趴下爬到高处有沙地柏的地方观察，之后再架脚架和上机器。这一切动作都是趴着完成的。就在我和鹏鹏齐心趴着用四只手费力地举着摄像机正要安装上脚架的时候，刘博士突然出现在前方的山丘上，戴着一顶黄色的帽子慢悠悠往前走！因为羚羊所在的地势高，它们顿时发现了他，然后就消失了。

我在心里哀叹了一声，只好继续前行。一遇到小山包我就慢慢匍匐爬行。就在我爬到小山顶的沙地柏前时，刚才那 4 只羚羊又出现了！我赶紧向不远处的刘博士打手势让他趴下。正当我终于爬到一丛沙地柏底下架好机器时，发现羚羊再次受惊四散，再也不见了。这时我竟然看见刘博士戴着那顶黄帽子，正站在山脊上张望。

我简直快炸开了，也许这样的野外拍摄并不适合多人同行吧！我打算到山里的小树林住上一晚，虽然听说那里有狼。

2000 年

5 月 28 日

今天开始练习骑马和搭帐篷，给电池充电。把衣服洗了，擦了个澡。

闭上眼睛就能看到普氏原羚在山中奔跑，我满脑子都是怎么搭掩体，怎么接近羚羊。明天到山里去前途未卜，最大的愿望是能拍到羚羊产仔的镜头，但愿不要落空。此外我很希望能遇上一两条狼，我也需要它们的镜头。来吧！我有防身棍。

不一样的生活又要开始了。

NIKE

2000年

5月30日

现在是15:00。我一个人静坐在这遥远的青藏高原的沙漠中，守着前方的一片小树林。高原的太阳赤裸裸地照在小帐篷上，帐篷里的温度很高，但除了帐篷我无处容身。风不停地掀着帐篷。有一只和我一样孤独的苍蝇正绕着帐篷飞舞，我甚至希望它能飞进来和我做伴。

就在刚才，鹏鹏在为我用脚把掩体四周的沙子踩实的时候，我的眼泪忍不住掉下来了。

今天是我的生日，在生日这一天我居然落泪了。我给自己倒了杯果汁，但我太不平静了，果汁撒得到处都是。

我的左手边放着摄像机，右手上是防身棍。左手为羚羊，右手为狼。在这片小树林的周围，我发现羚羊的脚印少，而狼的脚印多，甚至还有三条狼是结群的。

日记本上忽然爬来一只小蚂蚁，我小心地把它捉到帐篷外。据说今年雨水少，羊都饿死了不少，以至于我在沙地和草地上行走的时候生怕踩了新发芽的小草。

我时不时地从帐篷中探出头去，希望不要错过任何一只路过的动物。其实就在我的帐篷底下，有一串狼刚刚留下的足迹。

我已经能静下来写这段经历了。

支好帐篷，搭好掩体，我看看时间已近下午 3 点，便让送我过来的几位藏民和鹏鹏回去。

鹏鹏小兄弟渐渐走远了，还在跟我挥手。一想起他默默地帮我把掩体木桩下的沙子踩实的情景，我就忍不住热泪盈眶，他是我永远的兄弟。

帐篷里实在太闷热了，我爬出来坐在掩体后的沙地上。这里属于沙漠的核心区，再翻几座沙丘就是石头山了。石头山上至今还积有几天前下的雪。这片树林是这一带少有的植被，树身不是很高。刘博士曾告诉我，普氏原羚一般在小杂灌和树林中产仔，而这阵子正是羚羊产仔的高峰期。这正是我坐在这里的原因——有可能拍到羚羊产仔的镜头。

一阵风吹过，我的日记本上就会有一层薄薄的细沙，我已经有一周没洗澡了。

一个人在这里拍普氏原羚，有时真的很力不从心，压力太大了。我没有这样的野外工作经验，对这种动物不十分了解。当初接下中央电视台这份工作的时候，我并没有考虑太多。但是在这里的这段时间，我时时能想起余纯顺。我想他独行天下的意义也就在于此吧——要认识自然，要勇敢、坚强。

我现在很想念我的小玄。我设想着，这次回家以后，他一定会不好意思地看着我的眼睛，又伸出双手来让我抱他……

儿子，爸爸离开你来到千里之外的沙漠，其实是希望你将来在写《我的爸爸》的时候，能骄傲地说："我有个了不起的好爸爸，他是最棒的摄影师！"

爸爸一直在努力，可是爸爸从瞭望孔看出去，小树林还是小树林。

来一条狼吧！让我成为英雄！

天哪！就在我跪着撒尿的时候，发现眼前居然有大量狼的脚印！数一数，有6条之多！而且脚印都是昨晚留下的。

从这里望去，除了狼的脚印，就是鹏鹏他们离去时留下的脚印。在狼经常出没的地方，羚羊会在这里产仔么？

终于见到鹰从头上飞过，鸟叫声也多了起来。周围非常安静，安静得我都能听见自己的胃在叫的声音。我起初还以为这个声音是什么野兽走近的脚步声。

5 30'00

2000 年
5 月 31 日

5:23，在鸟的鸣叫声中我醒了过来。昨晚睡得不好，时时被风吹动帐篷的摩擦声惊醒。那声音像是什么动物在身边走过，拨弄着帐篷。

我又坐在帐篷门前的沙地上，穿着军大衣，挺冷。天色渐亮，可以不用照灯写字了。今天又是一个大晴天，无风。

越来越觉得羚羊不太可能在这片小树林中产仔。首先，这一带狼的活动非常频繁，还有狐狸；其次，小树林生长的山坡，坡度太大，小羊仔下地后就会滚下山去。再有就是，这里离草地太远了，它们没有食物补给。

10:45，一个人独处时，对时间看得特别仔细。鹏鹏该出发了吧？他第一次骑马能行吗？我不停地用对讲机呼叫他，但总是无应答。到了中午，对讲机里终于传来鹏鹏的声音，他说他迷路了，只好回到镇上找了当地一位藏族人带路。我坐在沙丘顶上还没看见鹏鹏，先听到有人唱着藏歌，越来越近。心里一阵翻腾。当我远远地看到他们两个小小的身影出现的时候，尤其有人手中还提着开水壶，忽然间觉得自己是现实版《甲方乙方》的男主角。

四周一片寂静，什么动物也没有出现。我像一个老僧似的在小掩体里打坐，时而看书，时而写字，同时不停地向四周瞭望。

在沙地上用树枝一算，今天是星期三。

我对自然了解得太少了。远处有只小鸟在不停地鸣叫，不知是百灵还是云雀。对面的小树林里有两棵“小老头树”（我给它们起的名字），是云杉和胡杨吗？

12:30，我与鹏鹏联系上了，他们走偏了方向，一直到下午2点才赶到我这里，辛苦得很。同行的除了一个藏民外，还有一个姓何的年轻人。他们带来了两匹马，驮来了我的午饭和晚饭，小何还准备和我一同在这里过夜。

但我还是决定返回，帐篷等物留在原地。往回走的路上发现远处还有一片小树林，面积比我待的那个大，还有草场，于是我们拐到那里看了看。下午的风沙很大，动物的脚印都被掩盖住了，很难判断这里是否适合搭掩体，但一定比昨天的那片小树林更适合羚羊产仔。

回种羊场的路非常漫长，走得人快崩溃了，一直到晚上8点才回到宿舍。鹏鹏更是累得不行，一早就躺下睡觉了。

我终于睡到了床上。在荒野中，我最想念的就是这里。

2000 年

6 月 1 日

一早醒来我躺在床上想，既然休息一天，何不赶到西宁去洗个澡？于是和鹏鹏行动起来。下午 2 点到达西宁，住进西宁宾馆。鹏鹏止不住想笑，说回到宾馆真激动。他想家了。

痛痛快快地洗了个澡，下午睡了一觉，都不觉得累了。

2000 年

6 月 5 日

所有的钢笔都和我小时候用的一样，在中间交接的地方漏水。

我们从西宁回来的路是 109 国道，是从北京通到拉萨公路的一段。所有我遇见的司机都说，走在这段路上觉得特别光荣。这是条朝圣的路。

在种羊场的生活正好 15 天，还剩下三分之二的时间，只好抓紧。我想还是能完成任务的吧？

突然发现我们的邻居四川工程队居然还有个小卖部，于是提了两瓶酒和 10 袋锅巴回来。生活一天天好起来。在困难的环境中，一点点的帮助和收获都能给我们带来很大的喜悦。而鹏鹏这时正在向两位四川女人推销我们多余的果珍、榨菜和火腿肠。没想到鹏鹏这种物物交换的生意做得还挺成功，第一笔用榨菜换来了锅巴。我在一旁看了直想笑。

小玄的照片在周围熟悉的人中间传阅着。邻居们都要我为他们的家人拍照，我愉快地答应了，这是我最乐意为别人做的事。

2000年

6月7日

现在我又坐在“21公里”公路指示牌处，处草原和沙漠交接的沙丘上。雷博士和鹏鹏在我右侧1公里处，刘博士在左侧。他们同时前进，大约8点时一同向中间靠拢并往回撤。如果在他们中间有羚羊的话，则有可能进入我的“伏击圈”。四周静悄悄的，能听见鸟儿的鸣啭和它们翅膀抖动的轻响，还能听见几公里外汽车行进时空气的振动声。身后的沙子忽然滑落，像人的脚步声，把我吓了一跳。但我真的听见牧羊人的歌声了，远处青海湖边的石头山上有一丛金黄色的阳光。

羚羊啊，什么样的歌声才能打动你，让你向我走来呢？

天上的云像是流到青海湖中去了，蓝色的天空在湖面慢慢扩大。太阳马上就要从湖边走过来了。羚羊，它来了吗？

8:25，终于有两只羚羊从远处沙丘的山脊上走过，让我拍了几秒钟。可惜就在此时，汪师傅的车往我这里开过来。总是天不遂人愿。不过这几秒钟的时间多少是对我的一种安慰。今天拍到的是两只公羊。

总的来说这种方式还是对的，雷博士他们都看到了成群的羚羊。如果合作得更好的话，就有可能取得不小的战果。

BETACAM

2000 年

6 月 8 日

上午组织了一场成功的围羊活动，拍到了有史以来最多的镜头！这使我信心大增。但和下午相比，上午就像什么都没拍！

今天下午的成绩等于之前 15 天的总和。

下午说好去干子河乡嘎湖边的沙山上找羊，可到那里一看，四周全是围栏和人家，看样子不会有羚羊了。我在目的地附近拍了天鹅的镜头，也算一大收获。就在回去的途中，雷博士忽然发现一个围栏里有一群普氏原羚！疯狂的时刻到了：我甚至一只手拎着机器，一只手拎脚架往围栏里冲。羚羊被吓坏了，找不到出口，在栏内狂奔。

今天成为最美好的一天——我拍到了 3 只羚羊飞跃围栏以及羚羊取食、奔跑的镜头。最后我高兴地和雷博士紧紧拥抱。

因为风太大，镜头抖动的问题还在困扰着我，要好好想个办法解决。

6 月 8 号，伟大的一天。也许我成为中国主力野生动物摄影师是从今天开始的。

2000 年

6 月 12 日

转眼已经过了 20 天。

昨晚种羊场的两个场长到我们屋里，看我们拍的镜头。他们说他们自己都不觉得这里有这么美。

最近我反思了一下，可能是我对自己的要求太严了，总是希望把工作做得尽量完美。近来只要有一天没拍到羚羊，我的情绪就很不好，闭上眼睛就能见到羚羊奔跑的情景。拍摄日程近半，我很需要有人来分担一下压力。

我特别热爱摄像工作，除了它符合我的天性，可以四处游荡、到处发现美好的东西外，摄像工作还是一项单纯的技术工作，不需要和人打太多的交道——联系安排各种事情会让我心力交瘁。

2000 年

6 月 14 日

休息一天。

上午用牙刷把我的雷宝和两双耐克好好刷洗了一番。出门在外有一双好鞋太重要了。我的耐克鞋居然被穿破还脱胶了，可能要牺牲在青海湖边。另一双户外凉鞋跟随我 3 年，当地人觉得它特别奇怪，称它“草鞋”。它可是上山下海入沙漠的老运动员了，非常结实舒适，又轻，我特别喜欢它。雷宝是新入伙的，黑色，越看越好看。它有内置气垫，也是双户外鞋，走草地和土路是最棒的。每次走过沙地，留下的自己的脚印我看了都喜欢。穿上这 3 双鞋中的任何一双，我觉得再远的路我都能走下来。

昨天下午居然拍到了 11 只羚羊，而且时间长达半小时。这是我第二次较成功地拍摄到羚羊。到今天为止，磁带大概拍了 9 盘，如果羚羊镜头充足的话，做成一个小片子是没问题的。

这么好的天，一遇见人，人家就问我们：“今天没出去？”问得我都不好意思了，赶紧解释：“今天休息，昨天太累了，明天又要出去了。”

CCTV 3
极为濒危的普氏原羚
动物世界

2000 年

6 月 15 日

原本 5:30 约好和汪海山出发，我居然睡过头了，5:45 才醒来，原计划定好去元者，只好改成“21 公里”处的老据点。非常幸运，当我悄悄爬过一个沙丘时，居然发现一大群羚羊正在吃草！一共 15 只！我抱着机器在沙地上打滚，终于找到一个可以拍摄的位置。机器非常重，又是躺着，稍微移动一下都要休息一阵子。这可能是我在最近的距离拍摄的羚羊了（两只羊就可以满画幅），光线很棒。

可惜它们还是发现了我，小汪在另一头也惊动了他们。羊群很快跑开了，还好跑得不太远。就在我再次一个人扛着机器和脚架接近它们，刚拍了几个镜头时，羚羊再次被惊动，分散开往沙丘逃去。在草场中我发现一个黑影也在快速移动，那么快的速度我还以为是牧人在骑马，但用镜头一看，原来是汪海山正在草原上奋力为我赶羊，左冲右突。可惜这家伙好心办了坏事。

回种羊场的途中见到牧人们赶着羊群，牦牛们驮着行李往深山里去了。他们已经开始往夏季牧场转移。这真是个好消息——

普氏原羚可以大摇大摆地在草场上吃草了。

下午2:30我居然又见到一大群羚羊！真是让人又惊又喜。这一带围栏密布，是个拍摄的好场所。但是因为我们配合得不好，没能把羚羊固定在一个位置，所以拍得非常辛苦。我和小汪拎着机器和脚架满地乱追，有时得爬行在山坡上，一点一点地挪动机器；有时要趁着羊群翻过山脊的时候死命快跑一阵，避开它们的哨兵。最后累得我连机器都举不起来了。

这样追了有3个多小时，我的脚底起泡了，但老天不负苦心人，拍到了不少漂亮的镜头。

2000 年

6 月 21 日

上午又到“21 公里”处。我趴在沙地柏前观察了好一阵，忽然发现有羚羊从西头走来。由于我事先埋伏好了，又有沙地柏掩护，那 4 只公羊居然毫无察觉。它们自由自在地边走边吃草，竟然还在向我靠近！这又是一个重要时刻——我终于拍到他们自由自在吃草的样子了。

忽然有一只我没有注意到的母羊从我面前五六米处横穿着飞奔而过，身后扬起一阵烟尘，转眼就不见了。顺着它的来路，我发现一只灰色的驴一样大小的动物。狼！这是我第一次在野外见到狼。羊群很快就消失了。我把镜头对准狼走入的山洼的出口，可久久不见它的影子。于是我原路返回，在下沙山时我又见到了它。它可能早就发现了我，等不到我架机器它就消失了。我这才知道，还有比羚羊难拍得多的动物。

不知道是不是季节转换的缘故，草地边上的沙漠中动物的脚印越来越多，尤其是羚羊、狐狸和狼的脚印。其实现在才是拍摄的黄金季节。

2000年

6月27日

凌晨4点多，我在鸟叫声中醒来。草原上的鸟真多，一到点就像银铃似地闹响，表都不必戴了，只要和大自然同眠同醒即可。不时有一两只“入侵者”飞到我的掩体上，抖动翅膀吓我一跳。

我就着晨光写日记。刚才我拍到了有生以来见过的最大的一枚月亮。它几乎满画面了，是钩弯月。云从它的表面流过，美极了。

我刚才发现自己犯了一个致命错误——机头警示灯忘了关了！这是羚羊不敢接近我的一个重要原因吧？一定是！只要发现了就还能改，还有机会！但多少有些遗憾。我觉得自己的经验太少了。

倒上一杯红茶，在这个清冷的早晨，给我带来巨大的温暖。

我的那双“耐克”鞋居然两只都走破了，将来就把它们埋在掩体里吧。

有一只狐狸在草场和沙地的边缘拖着大大的尾巴，幽灵一样地蹿过；那只雕还一动不动地踞在沙山顶上；一公里外有两匹白马悠闲地吃着草；那对斑头雁呱呱呱地又飞向小湖泊。可是羚羊还没有出现。

有个声音小声地说：“瞎子！”

又回到我的小掩体，在土壁上挖了个放茶杯的地方，很满意地坐下来。刚才下了阵大雨，现在还有点小雨。风呼啸着从我的头上掠过，像是没有发现我。

在我的东南方，先是有1只羊出现了，过了几分钟居然又来了7只！它们正沿着沙丘慢慢地向我靠近。它们就是我要等的那一群吗？不知什么时候，7只羊散开了，只剩下4只公羊在草地上吃草、打斗、玩耍。大约7:15分，在我的东侧跑出3只母羊，不知是不是失散的回来了。天气很好，阳光灿烂，唯一讨厌的是有小虫不停地叮咬。

那7只羚羊始终在我七八百米外的地方游玩，而在东头的沙丘中，又有1只母羚羊出现了！它异常小心，观察了好几分钟后才走上几步。当时光线很漂亮，可它走得实在太慢了，像是在考验我的耐心。我像猎人一样静候着它，但太阳不等人啊！到了8:50，它终于来到草地边，可我的机器却什么也看不见了。

晚上风吹得特别怪，一阵急似一阵，像打雷一样。山中无怪物，就连狼也不可怕，见面时它好像比我还紧张。

2000年

6月28日

清晨太阳很好。昨晚的那4只小公羊早在太阳升起之前就离开了草场，那只小母羊先是孤单地在草场与沙地的交界处徘徊，后来也消失了。我想上午是没戏了，这时正好飞来几只黄鸭，三三两两地在天地间游动，于是我拍起黄鸭来。

就在我拍足了黄鸭的镜头，不经意地往西边看时，发现就在我掩体前、芨芨草后100米左右的地方有个闪亮的轮廓。用望远镜一看，就是那只孤单的母羚羊！它还是那么小心，唯一可惜的是它始终站在那丛芨芨草后面，拍起来有些模糊。不过这已经是近来最接近母羚羊的一次了。突然，不知受到什么惊吓，它跑了起来。跳跃的时候，前蹄收在胸前，后蹄伸展着，美极了。

我想我的片子已经找到主人公了。

24公里处这片草原的主人我基本认识了。最不好客的是那几只狐狸，只在一眨眼间见了两次；最爱抢镜头的是那两只大雕，它们总是很酷地站在最显眼的位置上；有几只兔子是我的邻居，身材肥大，像只小羚羊，看来日子过得不错。还有大约六只黄鸭，

我怀疑如果草原上有谁给羚羊通风报信的话，一定是它们。它们从我头上飞过时，叫声明显有些怪。最愉快的该是小鸟了，它们似乎只要唱歌，不必为生活烦恼。此外还有讨厌的蚊子，缠着我不放。

2000 年

6 月 29 日

上午擦澡时发现由于背机器，肩膀都压得淤血了。难怪累得连手表定时叫我，我都起不来。

拍片时我经常太注意布局，比如有时候为了追求“大特写”，反而失去了起码可以得到“全”的机会。最遗憾的就是，昨天一只公羚羊去闻母羚羊的屁股时，因为我的掩体里没有架子，我只能拍摄固定镜头，推拉也相对不方便，摇就更是噩梦了。所以拍摄时的预见性相当重要。

我非常热爱野生动物摄影。这不仅是份工作，也是因为我喜爱的摄影能和我喜爱的动物结合起来。我有时觉得这是一种游戏，是对自己的毅力、耐力、体力和智慧的挑战，也是对自然了解和理解的过程。将来我可以有很多的故事讲给小玄听，他会为有这样的爸爸而感到骄傲。

2000 年

7 月 10 日

从今天开始不打算拍片了。可现在坐在床上又不知道该做些什么。看着身边的脚架、对讲机、雷宝鞋，它们似乎还在准备出门，到沙地和草场去找羊。鹏鹏说今天要清洗设备了，一切告一段落。

其实这两周拍摄的成绩要远胜过前面一个多月的工作。我拍到了漂亮的羚羊奔跑、跳栏、吃草、卧息、角斗、游玩等镜头，还有周围兔子、鼠兔、天鹅、黑颈鹤、黄鸭、雏鸟、老鹰、白头雕、家羊、蜥蜴……以及各种叫不出名字的小鸟的镜头。

我还拍到了美丽的黄昏、巨大的夕阳以及我这辈子见过的最神奇的月亮。我还拍到了大雪、雪地里的小花、雪后的沙山和草地，湛蓝的青海湖镶着一条金亮的阳光丝带，还有肆虐的沙尘暴……

拍摄工作结束了，我的思维像停止了似的，一塌糊涂。外面鸟儿还在唧啾，阳光依然灿烂。我的生活在青海湖边转了个圈，又要回到从前了。但我还是从前的我吗？我的心里有了黄的花，蓝的天，鸟的鸣啭……

昨天下午为寇姐一家拍了些照片。她把全家人都打扮得漂漂

亮亮，包括她的老公。一家人都穿着藏族服装。她的小儿子可爱上镜头了，对着镜头就笑，还要笑出声来。

我总是乐于为别人拍照。对我来说这也许要多花点钱，但对他们可就不同了，也许够他们看上一辈子的。不知他们将来看这些照片的时候，是否还记得那个戴着眼镜，成天追着羚羊跑的瘦小伙子……

鸟岛日记

又坐在天地间。这么好的天，可惜没早起拍日出，下午要是天气好的话，今晚我就住在海西皮，明早等日出。

2001 年 5 月，我重回青海湖，继续普氏原羚纪录片的拍摄，同时记录它的生活环境和芳邻——那些遮天蔽日的鸟儿们。

1975 年，青海建立了青海湖自然保护区，1986 年开始接待游客。1997 年，青海湖保护区被晋升为国家级自然保护区。2017 年 8 月 29 日起，为保护青海湖的生态环境和自然资源，青海湖沙岛、鸟岛两大景区已经闭门谢客，停止一切旅游经营活动。

这世界变化，说快也不慢，说慢也不快……

2001年

5月26日

出门好几天了，还没有见到美丽的青海湖。所幸我离它越来越近了，同时我也认识了几位最了解它的专家。

在中国的西北部，李来兴老师应是首屈一指的鸟类学家。昨天到西宁之后，我们做的第一件工作就是拜访这位鸟类学家。

中国科学院西北高原生物研究所是中科院在西北地区设立的学府。李老师的办公楼在标本馆三楼，很容易就能找到他。我对这些专家稍有了解，他们若不是在野外考察，就多半在实验室里。李老师的办公室很破旧，连电话都没有，更别说电脑、传真机什么的了。在为我搬椅子时他特别小心，因为动作太大的话那椅子会散架。

李老师稍胖，戴一副金边眼镜，五十上下的年纪，一说起专业他就滔滔不绝。他的主要研究对象是黑颈鹤。听说我们是《动物世界》的，他很有兴趣，说十几年前他就陪祁云拍过斑头雁和黑颈鹤。

青海湖的鸟类种类繁多，有190多种，鸟岛上有76种，最有名的当属黑颈鹤、斑头雁、鸬鹚、棕头鸥等。李老师介绍，鸟岛现存有5个小岛，其实大家平时说的鸟岛（鸬鹚岛、蛋岛）现在都成了半岛，真正意义上的岛只有三块石、海心山等为数不多的几个。

在海心山上还有个尼姑庵，里面有十几二十位尼姑。她们终年待在岛上修行。因为海心山在青海湖的中心，平时风浪很大，一般的小船根本无法上岛，而保护区也严禁游客参观，所以那里活脱脱是个世外桃源。岛上尼姑们的大部分食物都是靠冬天整个青海湖封冻后，信奉者用牦牛把供品拉到岛上补给的。

李老师说的斑头雁、黑颈鹤的生活习性让我入迷。尤其是斑头雁的小雁孵出后第一次下水的情形，听起来像个传奇。李来兴老师还提起一位日本老摄影师的事。这位老先生非常热爱鸟类，尤其是中国的斑头雁，但最终因为经费问题拍摄被搁置。这故事对我的触动最大。我越来越感到此次拍摄的压力——有多少人在盯着我和我的摄像机。我能想象多年以后，又会有一个摄制组来到青海，来到鸟岛，会不会有人提起曾经有个《动物世界》的摄制组来过这里。

5 30'01

2001年

5月27日

快到湖东种羊场的时候，忽然看见前方有只狐狸在车头二三十米处，这是我见到“猎手”最近的一次。狐狸小步地跑开，还回望了几眼，我对《动物世界》制片人王采芹说，我们这次会有好运气。

开车送我们的是一位朋友的朋友，熟了之后告诉我们许多高原深处藏民的故事。比较经典的是一位玉树的小伙子开车来到西宁，不看红绿灯，被警察拦下，问：“为什么不看红绿灯？”小伙子答：“西宁人这么多，我看路都来不及呢！”“把执照拿出来！”小伙子听罢，爬上车，锁上门，把执照贴在玻璃上，说：“这是我的，要执照自己考去！”

玉树我是久闻大名，它在青海接近可可西里的深处。这次在飞往西宁的飞机上就遇见了准备到玉树的刘宇君，他也是一位野生动物摄影师，正在拍摄藏羚羊。据说他已经幸福地拍到了藏羚羊产仔的画面。

上午去鸬鹚岛、蛋岛看现场。在蛋岛上有大量的斑头雁、棕头鸥正趴在地上孵蛋，非常壮观。尤其是数十只棕头鸥大胆地飞在游客的头顶上索食，与人非常亲近，想来一定能拍到生动的镜头。

斑头雁则要胆小一点，离人群较远。我们看到了一群小雁由大雁护送下水的有趣情景。

鸬鹚岛离蛋岛也就两三公里路程，一个馒头样的小土包上住满了孵蛋的鸬鹚，有很多还住在峭壁上，画面拍起来一定很美。

保护科观察员说，1993 年英国 BBC 的摄影师也来拍过 3 天，他在帐篷里慢慢地接近它们。他还说 BBC 的摄影师观察比拍的时间要多得多。

中午 12 点 30 分抵达湖东种羊场。用脚踢开小储藏室的门，里面像沙漠中的宝库，尘埃中堆满了我们上次拍羚羊之后留下的各种宝贝。从 2000 年 5 月开始，这已经是我作为《动物世界》摄影师，第 5 次来到青海湖边拍摄普氏原羚纪录片。按计划，这也将是最后一次。

下午开拍。先在蛋岛放了顶帐篷，让鸟适应适应，接着在观察室里拍摄。鸟是有的拍，只是我们的长焦镜头有点问题，变不了焦。

说一件让人兴奋的事！晚饭后我到保护区领导屋里要一些资料，聊得高兴，他突然放低声音：“明天你可以近距离拍到普氏原羚。”

我兴奋得跳起来，一路小跑回到宾馆。这一年来，拍摄普氏原羚最大的遗憾就是没有大特写，没有近景，太难了！

2001年

5月28日

凌晨4点40分起的床，叫了伙伴们半天，才听见他们痛苦的哼哼声。青海在中国西部，跟中国东部时差该有一小时。

没有日出，在冷风中守望鸬鹚岛，拍到一些鸬鹚的习性。正是育雏日子，雌雄鸬鹚忙着轮流孵蛋，换班时，准备接班的鸬鹚先在鸟巢边走上一圈，正在抱窝的那只会迅速站起，立刻换班，速度比斑头雁快。

许多小鸬鹚个子都好大了，还没换上飞羽，毛茸茸地趴在妈妈脚下，特像一块黑缎布。小家伙吃食时把头高高仰起，不停地敲击父母的脖子，等它们张嘴时把整个脑袋埋进父母口中吃食。有不少棕头鸥在鸬鹚的巢边游荡，它们相当轻巧，在风中幽灵一样漂浮着，伺机偷袭。

一只斑头雁不知什么原因受了伤，有成百只的雁被惊起，在它周围飞舞着，越聚越多。管理站的同志用望远镜看了一下说，一只老雁受伤了。他说老鹰来的时候场面更壮观，成千只大雁会一起冲到天上形成壮观的“雁网”，保护小雁，抵御老鹰。

青海湖自然保护区（鸟岛）有职工 25 人，三个行政科室，分别是保护科、办公室、宾馆。保护科没有一个学鸟类保护的大学生，对鸟类的研究还很有限。

今天的天气不太好，偶尔一阵小雨，于是 5 点就收工。在回来的途中任局长把那只受伤的老雁送到救护中心，于是我看到了那只让我朝思暮想的普氏原羚。

这是一只母羚羊，毛色已不锃亮，脖子上系着绳套，正委屈地躲在墙角。小原羚的大眼透亮，但没有在草原、沙漠时的生气和机灵劲儿，它冷漠地看着我们。我怎么也高兴不起来了，呆呆地看着它，难过极了。

我想起羚羊在蓝天下沙脊上昂首望着青海湖的情景，想起它们飞跃围栏的英姿，想起雪地里那一串串印向远方的新鲜足迹。我不知道猎人对自己喜爱的猎物是怎样的感情，但我更愿意把它放了，让它在草原和沙漠里狂奔，让我不停地去追寻它，即使拍不见它。

羚羊是注定要受苦的，因为它们的对手是疯狂、自私、愚昧的人类。苏东坡说："惟愿吾儿愚且鲁，无灾无难到公卿。"普氏原羚够"愚鲁"了，毛皮无用，角不入药，肉亦无味，但还是难逃灭顶之灾。

晚上又看了白天的拍摄资料，感觉挺有收获的，比前一天好多了。每一天的进步提高都是对我辛苦的最大奖赏。

6 8'01

2001年

5月29日

天晴了。上午拍了斑头雁、棕头鸥的飞行镜头。尤其是棕头鸥，贪吃得不行，只要在镜头前扔一点食物，它们就成群结队长久地待在你的镜头前，好拍。

在斑头雁的聚居点三四十米处我放了一顶迷彩帐篷，今天天黑时候往前挪了几米，等斑头雁完全适应后，好进去近距离拍摄。

今天拍到了三个故事：当雁爸爸外出觅食时，雁窝遭到棕头鸥的袭击，它们用尖嘴把雁蛋啄破，像吸血鬼似的贪婪吸食，好几个雁蛋被偷吃了！还有一只年轻的雁钻进别人的窝学习孵蛋，被主人生气地赶走；一只贪玩走失的小雁，找不到爸爸妈妈了，当它想加入另一个雁家族时被赶了出来，只好继续它凄惶的流浪。

傍晚，跟工作人员收留了那只被赶出雁群的小雁，送到养育救护基地，我一路跟着记录，又看了一眼那只母原羚。管理局的人为它取了个名字叫“灵灵”。灵灵今天的情绪很好，会隔着围栏跟着负责饲养它的管理员走动，高兴时还一蹦一跳地来回逛，甩得脖子上那根手指头粗的绳子一直在晃动。

2001 年

5 月 30 日

今天是我 30 岁生日，自到电视台工作以来，有一大半的生日是在外过的，对生日已经无感了。

昨晚下了不少雨，不知道阴天又要持续多久。

每天拍摄回来，整个摄制组伙伴都会把片子一起过一遍，总结一下。《动物世界》制片人王采芹看得最仔细。她总能提出更高的要求和更多的拍摄想法，然后为我鼓劲儿，好像不断为我注入“真气内力”。

没有人教我们怎么拍摄野生动物纪录片，没有人教我们怎么用镜头讲故事，更没有人告诉我们怎样才能更好地接近这些脆弱的普氏原羚。我们的老师就是世界上各种经典野生动物纪录片作品。

一年前，王采芹和我就开始一起在机房里“拉片”，仔仔细细把那些优秀作品，尤其是跟羚羊相关的故事拆解开，研究它们是怎么讲故事的，镜头的表现手法有哪些，我们把大特写、中全景画面比例都统计了一遍，然后在模仿中学习、改进、提高。

上午我躲进了小帐篷，也不知是几点，吃了点锅巴和糖。从鸟岛宾馆出发时还下着雪，现在则是艳阳高照。

耳边充满了鸟的鸣叫声:“啊——啊——”“呱——呱——”，让人听了想睡。所有的鸟都像知道我正躲在帐篷里似的，远远地站在 20 米开外，让人惊奇。

太阳又躲到云后，气温立刻就降下来了。高原真是个神奇的地方。阴晴不定的天气让我拍到许多美丽的空镜，算是对我生日的祝贺吧。

才到这里 3 天，已经拍了 10 盘的带子。一切都那么新鲜，有点收不住手。

2001年

6月1日

昨天累极，极累，倒头就睡。

放在蛋岛让斑头雁适应的帐篷昨晚被盗，几天的周密准备就这么泡汤。鸟岛管理局的林业公安帮忙调查去了。

幸运的是我到蛋岛的西侧，真的拍到了成百上千只斑头雁飞舞的镜头，非常壮观。鹰真的来了吗？就在斑头雁起飞时我还抓到了一群大渔鸥恶狠狠地扑向小雁，把它们撕开分食的血淋淋的镜头。

正在育雏卧巢的母雁身体下，不时会冒出一个小脑袋，一会儿翅膀下，一会儿胸前，小雁们在雁妈妈温暖蓬松的身上捉起了迷藏。我都拍到雁妈妈的微笑了。

上午乃至整天的计划是拍普氏原羚，重要的一天，一定要为这小可爱留下最美的影像。终于如此接近地拍摄普氏原羚了。研究员小荣用鞋带系住它的三只脚，他说草原牧马人绑马也是这样的。

今天饲养员不在，小灵灵相当不配合，一个上午都懒洋洋趴着打盹。小荣说它正在换毛，所以毛色灰黄。

下午我提早到救治中心，请小荣把灵灵的脖套解开，这回它不睡了，一路从草场小跑回到自己的笼子去。我还是没完成计划，只是拍了大量的普氏原羚的照片。

小灵灵吃草的样子特像小牛，今天才知道普氏原羚属牛科，难怪眼睛那么大，中午时还会反刍。

为儿子画了很多的动物，想寄去做六一礼物。可鸟岛居然没有邮电局，信都得托人送到西宁去寄。

5 28 '01

2001年

6月2日

一个人坐在青海湖边。我的右前方100米处，好几只斑头雁愉快地向着我溜溜达达接近，不知为什么又轰的飞走了。

过了一阵子，又有几只雁在一只头雁的带领下列队走来，头雁先到水里走了几步，侦查有没有危险，其他的队员都站在岸上观望。雁的组织纪律性非常强，从飞行的雁阵就能看出来。

上午5点不到，鸟岛的驾驶员东渠就来喊我了。管理局张局长也起来一块儿看日出，还说了一句蛮有哲理的话："看落日的人多，看日出的少。"真是这样，所幸作为摄影师，我看日出比常人多得多。将近6点到了海西皮。天边云挺厚的，看日出又一次失败。在我看来，这也是看日出的美妙：你永远不知道自己会不会看见日出，但是，你一样全心全意付出努力。"早起的鸟儿有虫吃"，每次努力都会有收获的。除了拍到不少好照片外，张局长还为我捡回了前天丢失的镜头盖。

这次带了尼康F60机身，尼康AF80-200 F2.8和24-120两支专业镜头，照片拍得相当过瘾，尤其还拍到了普氏原羚的特写。

我的手被高原的太阳和风吹晒得非常粗糙。因为时常拎机器，胳膊变得更强壮了，长时间的等待也让我越来越有耐心。看着周围的鸟起起落落，听着它们从天空中飞过时翅膀震动的声音，心里真是又平静又快活。

其实还是有许多人执着于野生动物摄影的，他们都是我的前辈。我不知道自己是不是最年轻的，但一定是最幸运的那个，在心里一直希望能和他们有所交流。

棕头鸥洗澡很有趣，像被人按住头不停地压到水里似的，动作快极了。望着青海湖上成千上万的鸟，想象我家小儿见到的话，一定会奋不顾身地冲进鸟群抓鸟。

右侧的斑头雁忽然惊走，果然是鹏鹏送饭来了。

听小李说起，才知道今天是星期六，难怪游客那么多。

从宾馆至鸟岛的 17 公里正在修路，风一起，沙尘滚滚，让人窒息。一直没有等到下午送我们回去的车，和鹏鹏躲在一辆面包车里听零点乐队的歌：“你找个理由让我平衡，你找个借口让我接受。我知道你现在的想法，而你却看不出我的感受……”

2001年

6月3日

出门转眼12天，有点想家了。不过我还有许多任务没完成，中华鼢鼠、三块石岛、普氏原羚、大渔鸥、湟鱼产卵……都还没拍呢！

我拍片有时太急，像拍新闻似的，感觉再不抓紧就没机会了。其实如果没有稳稳地拍到，清楚地录下，作为纪录片是不能用的。动物世界里的繁衍生殖、弱肉强食每天都还在进行，故事不断地在重复。我更应该沉下心来慢慢等。别着急，我能做得更好。注意光线、色彩、稳定，一定要拍得让人惊奇。角度要刁，接近、更接近！

又坐在天地间。这么好的天，可惜没早起拍日出，下午要是天气好的话，今晚我就住在海西皮，明早等日出。张局长也很有兴趣，说愿意陪我。

青海湖我是小时候从地理课本上了解的，记得书上还附着一张很多鸟在飞翔的图片。这个神奇的地方当时就很吸引我，没想到今天我就坐在岛中央，拍摄鸟岛的电视纪录片和照片。有一天我的小玄也会从爸爸的作品中知道有一个美丽的地方，有成千上万的鸟在天空飞翔。

鸟的眼可真尖，因为它们不仅能看见我，还知道我脸的朝向。有几只就落在我身后的水塘里，当我稍转过脸它们就立刻飞走了。

每当小雁长到一定天数时，雁爸爸和雁妈妈便会在其他“单身汉”雁的帮助下护送小家伙们下水或到草地上吃草，队伍浩浩荡荡的，很壮观。而此时，送行的还有可怕的大渔鸥，它们早就在那儿等候多时了。

大渔鸥在雁群中撑着脑袋四下穿行，稍不留神小雁就死于非命。雁爸爸和雁妈妈再怎么扑救也抵挡不住群鸥的屠杀，那种悲痛连我都能感受得到。每当护送小雁的队伍受到惊扰时，“单身汉”雁们便立刻忘了自己的工作，振翅飞离，浑不顾小雁的安全，只有雁爸爸和雁妈妈一直留在小雁的身边与人和大渔鸥抗争。动物间的亲情让人感动，只是不知小雁长大后还记不记得自己的父母曾经这么舍身呵护它们。

原计划今晚住在海西皮的，但傍晚时天上的云层很厚，作罢。

2001年

6月4日

今早看到蓝蓝的天，阳光灿烂，后悔极了。

我的拍摄方式也得有所改变，要静下心来等待、观察，记住我不是在拍风景，而是拍故事。

上午计划到鸬鹚岛拍些低角度的镜头，下午由鸬鹚岛向北走，看看有什么新鲜玩意儿。今晚是下决心住在海西皮了。张局长说陪我住，不拍到日出不回来。

过了一个美妙的上午，我们来到鸬鹚岛。环境美极了，蓝的天、白的鸥、黑的鸬鹚、静静的大海、陡峭的石壁、干干净净的青色小石滩。为了独享这美景，到达目的地后，我赶忙叫鹏鹏和东渠回去，不用陪着我了。

自个儿在岛边又是拍照，又是吃零食，再写几个字的日记，开心极了，我几乎不能相信世界上还有比这更美好的地方。可惜我没有满腹好文采，但我有相机、摄像机，一样能把我的心情感受留下，真幸福。

傍晚时分，一天中最美好的时间，我很自私，又把鹏鹏他们

6

打发回宾馆。看不见游客，听不见满耳的快艇轰鸣声了。世界一片清静，除了鸟的鸣啭。

今天拍到不少特别的镜头。有俯、仰拍的鸬鹚和它们刚出生的小宝宝，小家伙丑丑的，脑壳大大的，在它们父母的翅膀下、大脚上钻来钻去。

最美的该是赤麻鸭？黑嘴、白头、黄的身翅，尾翼和翅尾又是黑的，像穿了件运动衣似的不知疲倦地飞来飞去，“哦啊，哦啊”地叫着。

鸬鹚的脸谱酷似黑衣魔鬼，“咕咕咕”地叫唤。它们结队成群飞行时还是很帅的，尤其贴着水面飞行，无声无息，像是一群准备偷袭敌人的轰炸机。

斑头雁又肥又笨，只可远观，近瞧就让我想起大肥鸭，有时我都不自觉地管它叫鸭子。它的翅膀拍打振动空气的声音，让人觉得是风在吹动一扇吱呀作响的木窗。我非常欣赏它们的团队精神，经常被那种集体意识感动。

大渔鸥有庞大的体型，它们是凶残的家伙，直撑着脖子的样子让我讨厌。它们成群结队撕裂小雁的情景总是血淋淋地浮现在我眼前。

棕头鸥十足的小偷模样，贼头贼脑、装腔作势地在雁窝、鸬鹚窝附近等待时机偷蛋吃，模样和大渔鸥有些相近。

我特别喜欢听飞鸟入水的声音：哗——如果我有一对翅膀的话，也一定要生活在水边，好享受在水面上御风滑行的快乐。

我坐在一处石崖上，棕头鸥不时从眼前掠过。俯视茫茫的青海湖，不觉感叹我们的生活离自然实在太远太远了。

晚上7点半左右，回营地帐篷。这帐篷是保护区的工作人员值班住的。糟糕的是鹏鹏把我今晚的伙食放在山下的小卖部，而现在小卖部的人都吃饭去了，门紧锁着。在背包里找了半天仅找到两块雪米饼和半袋的怡口莲，没有水，干了一天的活儿，真想喝口水。

有一对斑头雁从天空飞过，太阳已经下山了。

8点半，透过芦苇草，月亮早已升空，高高地挂在海心山的上方。

小齐的车来了。快9点，终于有水喝有饭吃了。现在已住进了帐篷，这是顶铁架搭成的帐篷，很简陋，仅有一张破桌子和两架钢丝床，原来住在这里的是两个小伙子，他们今晚要挤在另一张床上了，真不好意思。我自己带了一个睡袋、一件大衣。

帐篷里有个小应急灯，我正就着它写字呢。帐篷外的海心山已经看不见了，月亮倒是越来越明亮。

睡吧，希望明天有日出。

2001年

6月5日

一个晚上都在做梦，梦见拍到或拍不到日出，还梦见足球比赛，梦见哄儿子睡觉……

终于等到拍日出的时间，5点40分起床，不幸的是看见海边又堆满了云，云不高，但足以挡住旭日。换上广角镜，拍了点大环境空镜头。

太阳终于探出头了，始终迷迷蒙蒙的。风很大，微冷。我坐在岩石上望海，听CD机里有人在唱《阴天》。

鸽子像隐士，住在峭壁的石缝中，总不容易见到它们的身影。

还没有看到湟鱼洄游产仔的情况。据说今年水少，鱼游到半程就被鸟吃了。

下午忽然下起雨来，起初以为是像以前一样洒几滴，后来发现地板都湿了。雨中孵卵的斑头雁会是怎样？于是叫上东渠，又出发了。

鸟岛位于青海湖西北角，主要由两个岛屿组成，西边叫海西山，又叫小西山，也叫蛋岛。东边的大岛叫海西皮。

到了蛋岛，发现两天不见，斑头雁居然走了近一半。小雁也仅远远地见到三只。在那里值班的小乔说他也不知道斑头雁是什么时候走的，去了哪儿。但奇怪的是小雁是怎么走的？我隐约担心，会不会都遭了大渔鸥的毒手。

不过我还是拍到了斑头雁和棕头鸥雨中孵蛋的情景。它们不停地抖动着身上的雨水，不肯离开岗位。

这场久违的大雨对大草原的生灵来说真是甘霖。连我们都受益匪浅。鹏鹏的脸前几天都干得脱皮了，而我的腿更早就有过敏的症状。

晚上 7 点半离开蛋岛，雨仍在下，还有大风助威。小鸬鹚、小雁的又一个敌人来了。

2001年

6月6日

每天起床前我就在想，今天拍什么？我几乎把鸬鹚岛和蛋岛的各个角度都拍了一遍了。

昨天一场大雨，今天晴空万里。所以游客特别多，大多数人都不知道自己看的是什么，只说是“看到鸭子了”，还互相问为什么鸭蛋这么多没人捡。

又坐到鸬鹚岛对面海西皮的小帐篷里。这回轻车熟路，先为自己点亮太阳能节能灯，钻进睡袋，打开随身听，在李宗盛的歌声中开始夜生活。原来帐篷里有两张床的，不知为什么昨天拆了一张，看来今晚只有我一个人守岛了。

特意去小卖部想给家里打个电话，但电话因为没电不通，扫兴。

今天是坐齐师傅的车到海西皮的，他是个大块头，东北人，总是乐呵呵的，我挺喜欢他。

这是个安静的夜晚，风不大，也许是还没起呢！

2001年

6月7日

3点半不到我就醒来了，之后睡得迷迷糊糊的，到了5点35分反倒舍不得起床了。不住地和自己说再躺两分钟吧！一串斑头雁的叫声从空中划过后，我从帐篷的小窗往外一瞧，才发现天已蒙蒙亮，顿时胸口一热，像运动员听到发令枪一样跳了起来。

昨晚我就把沙袋和脚架扛到拍摄点，所以现在只要提上机器，背上我的JANSPORT背包就行了。

好大的风，头顶的天一片阴暗，唯独东边的海天山交接处透着一道红光。鸟儿早就醒了。心里有点担心是不是还得拍第五次日出。

等了十几分钟，天越来越阴，但东边的红光却越来越亮，我像个士兵似的准备好两个射击点，一个用三脚架，一个用沙袋。

天边山顶上的云彩间先是有万丈光芒刺出，太阳终于探出头，温吞吞地走出来，在爬到山顶时像是在走最后一级台阶似的轻轻一跳，跃入海天之间，整个世界顿时温暖起来。我更是热血沸腾，不停地变换景别，换拍摄地点，在交换的刹那，还有点恨自己才气不足，一定还有更好的、能拍得更美的办法。

太阳仅给了我不到 5 分钟的时间就藏进云海里了，但我已经很满足了。谢谢！

好冷，手都冻僵了，我穿着军大衣背对着风。天彻底地阴下来，休息。现在 8 点钟，鹏鹏大约 10 点才可能来接我。大家一定以为我又白干了一个上午，嘿嘿，我见到了日出。

10 点多了，鹏鹏还没有来。太阳又重出江湖，我决定再去鸬鹚岛走走，看看峭壁上的小鸬鹚。

烦恼啊烦恼！上午日出时放在沙袋上拍的那一段居然有点抖。那么重的设备，都挡不住海风的摇晃！

2001年

6月8日

天还没亮，醒来发了好长时间的呆，想这想那，想片子的拍摄进度，也想起在福州的家人朋友们。

阴天，我坐在蛋岛观鸟台的屋顶上，等待奇迹出现，希望能拍到一个小鸟出壳的镜头。据说洞庭湖自然保护区有人曾拍到过，幸福啊！

今天成绩平平，拍到一只棕头鸥偷吃斑头雁的蛋，蛋里的鸟雏形都有了，居然被它一口吞下了。没有等到小雁出壳的镜头，只是拍到一只母雁身下有个破壳，破壳边站着两只小雁，浑身还是湿黏黏的。

2001年

6月9日

我带来的40盘磁带只剩6盘了！这几天我都节约着拍。不过通过这种长时间的蹲点拍摄，倒让我反省自己对拍摄对象的选择不够精，观察的时间不够长。一定要拍摄让人震惊的画面。如此想来，这仅剩的6盘带子对我的意义是巨大的！

今天计划到沙漠里走走，也许会有新发现。

沙漠里没有什么新发现，仅拍到几个羊头、一只蜥蜴，没什么震撼的。我们在沙漠里走了6个小时，背着沉重的摄像镜头和机器。在岛上休息了半个小时才稍回过劲儿来。等到车来接我们，已经3点半了，午饭还没有吃。

人一累，就开始想自己爱吃的东西。我说要大碗的冰激凌，鹏鹏想酸奶，有个大西瓜也不错。

保护区的人称鸬鹚岛为大岛。大岛上有5位工作人员，蛋岛上2位。可惜这里的学习、研究气氛都不浓，关于鸟类的知识和经验有限，我的很多问题都无法获得答案，让人遗憾。

2001年

6月10日

写着日期，发现离回家的日子越发近了。

保护区管理员小乔又收留了两只落单的小雁，我和鹏鹏把它们带到草地上吃草。小雁很亲近人，老是跟在你身后叽叽喳喳。鹏鹏说给你们点父爱吧！于是整天领着它们吃草、逛荡。他管小的、颜色浅的雁叫小浅，大的、颜色深的雁叫小深。鹏鹏还盘着腿让两只小家伙窝在里头避风取暖，小深居然睡着了，以至于鹏鹏要等它醒来后自己才站起来。

我们在草地上发现的那窝小麻雀已经孵出来了，大大的嘴，稀稀拉拉几根毛，很丑，但很可爱。在我拍摄时还见它们的妈妈叼着条虫急急忙忙地在周围又跑又跳。

今天拍了个感人的镜头：有只小雁已经死去多时，它的父母还不肯离开，母亲趴在窝里不时地探出头啄一下小雁的小脚，想叫醒它。

可是我的磁带仅剩4盘半了。

今天见到布哈河的一段弯道上有成千只棕头鸥、渔鸥在飞翔，

它们正在捕食湟鱼。看来湟鱼的产卵期已经来了。

傍晚下起雨来，一下子还不停。这很好，布哈河的水涨起来，就有更多的湟鱼可以逆流产卵，场面会更壮观。

2001年

6月11日

鹏鹏一再说，没人能那样生活，光干活不休息。每天早晨透过窗子，看见蓝天、阳光，我就停不下来，告诉自己起床吧，有那么多故事等着你去记录呢！

鸬鹚岛就没的拍啦？那可是说故事的好地方。对斑头雁是记录了点故事，但是镜头总不够流畅，老感觉那位日本老摄影师看了我的片子会摇头说可惜。

坚持就是胜利！这两年的长跑，没剩几天冲刺了，应该更努力才是。这不是我梦寐以求的日子么？可别回去再后悔！油麻菜，加油！加油！

上午继续在蛋岛蹲点，没什么大收获。但我发现母雁把死去的小雁拾回巢里，依旧守候在旁边等它醒来。

下午来到鸬鹚岛，像老僧似的又开始坐守。索性让鹏鹏回去，今晚我住下，拍明早的日出。

下午3点，天色昏暗，要下大雨的样子，风又大，决定回撤。可是坐上回宾馆的车还没几分钟，天又变得阳光灿烂，和我玩变脸？

2001年

6月12日

李宗盛在唱“时光不再，时光不再，一天又过一天，30岁就快来，往后的日子怎么对自己交代？……”我的心情不高不低，不好不坏。

和东渠约好上午7点出发，我没戴表，看看天已亮，就叫鹏鹏起来，他一看表，说才6点。

在布哈河口见到成千上万的渔鸥、鸬鹚、斑头雁……列队在河边等待湟鱼，非常壮观。今天风大，我的脚架有些问题，总是卡顿，失去了很多好镜头。但多少还是有收获的。

上午到河口的路上还发现了一条狼，正在追杀什么动物，可惜只拍到几秒钟，还离得很远。

磁带不多了，仅剩3盘，下午给自己放假。可放假也不知如何度过，宾馆停电，没有任何娱乐，唯一想到的就是等鹏鹏睡醒后去买个西瓜过过瘾。

这次出门已经20天了，拍摄周期也过半，应该说此行工作也还算用功，马马虎虎及格，遗憾是经验缺乏，不够沉着，还缺乏点想象力。

鹏鹏的脸脱皮得厉害，走到哪都照镜子，说回到北京要一个礼拜不见人。据说今年是青海湖特别干旱的一年，湖面下降了两厘米，是有史以来最厉害的一次，真不知再过十年这鸟岛还在否。

2001年

6月13日

上午的天气很好，计划到鸟房拍些小雁大雁的特写。下午3点到泉湾，摄像机磁带不够了，省着点用吧！

去泉湾的路上我看见青海湖边的河流几乎都干了，最大的布哈河也不过是一条小溪流的规模。湟鱼实在不幸，一路上都被追杀，青海湖里人撒的大网、河口的成千上万的鸟，上游的人们还用细细网眼的粘网捕捞，加上这几年的大旱，这据说一年才长一两肉的鱼真是快到绝路了。

2001年
6月14日

每天的日记都是在清晨6点左右开始写的，每天这时候都会醒来。

我的磁带仅剩一盘多，只能拍摄50分钟不到的素材。我想起罗伯特·德尼罗主演的《浪人》，感觉自己快成为被抛弃的浪人，沮丧至极。这一耽搁可能要浪费3天时间。

在蛋岛的屋顶待了一上午，一无所获。小棕头鸥已经孵出来几天了，怪怪的颜色，身上还带着小斑点。

相比之下，昨天还是很有收获的。我拍到了一只白尾鹞，还有小“灵灵”吃草、舔毛、用后脚趾掏耳朵等镜头。最难得的是小雁大雁下水、在水中洗澡的画面。遗憾的是鸟房的大雁飞羽被剪，只能用一些特写和远景。被剪去飞羽的大雁和鸭子没什么两样，是扑腾扑腾地进水的。就在我拍摄的时候，有两只“真正”的大雁在不远处来回飞舞，召唤它们。

2001 年

6 月 15 日

又看见蓝的天，知道太阳正在湖边升起，这让我难受。我实在不是一个能在床上躺一天的人，尤其边上还放着摄像机。可没办法，最后的带子都快用完了。东渠的车子在西宁迟迟不回。北京台有几位记者也来此采访，明早还要去拍日出。

鹏鹏难得睡到 9 点起床，高兴得直为电视伴唱。

总之，今天放假。

2001年

6月16日

清晨被北京台的同行小心翼翼的动作吵醒，他们起床拍日出了。听到一个人说还有星星，我就再也睡不着了，这该是我的工作时间！

根据我的经验，今天是没有日出的，可我心里还是不好受，东渠的车怎么还不回？！正坐在屋内发呆，张局长忽然来访，说他待会儿要去鸟岛，可同去。于是赶紧打点行装，带上了大衣和睡袋，临时决定晚上住在大岛，明早拍日出。

现在又坐在鸬鹚岛的对面，刚吃完鹏鹏为我送的饭。吃饭时还自拍了一张照片。

老天爷总喜欢考验我似的，才2点半不到，天上就下起了雨，还夹杂着些许雷声。要下就下得大一些吧，让我拍拍雨中的鸬鹚。我把设备都撤回帐篷，静静地坐在门口聆听雨打帐篷的"噼啪"声，希望这不要只是一场过路雨。

果然是过路雨。太阳又出来了，高原的天真是娃娃的脸，变幻无常。

上午拍到一个镜头还不错，一位鸬鹚爸爸（妈妈）从湖里含了大口的水喂给小家伙喝，还浇在它们身上洗澡。这让我联想起我们哺育自己小儿子的情景，顿时对鸬鹚这丑鸟增加了不少亲近感。

成天待在鸟岛欣赏美丽的自然风光和自由的鸟儿，让我想起小时候到电影院社会实践，替人验票的日子。那时每次验完票我就可以找一个空位坐下尽情地看片，看得最多的是《罗马假日》，一部美丽愉快的电影，像鸟岛的风光一样百看不厌。

我可怜的磁带仅剩一盘，还得坚持 3 天半，鸟岛快成上甘岭了。

又很愉快地来到鸬鹚岛下的小青石子滩边，坐在草地上。现在这片石滩、这几丛峭壁，以及满目夕阳下的青海湖都归我啦！我像阿甘一样手叉着腰，心满意足。

工作带给我的快乐远比待在宾馆里看电视多多了。即便拍不到什么“震撼”，也足以让我心平气和。

几只大胆的棕头鸥始终游荡在我前方 30 米处，而游艇里来回穿梭的游客也常把我当作鸬鹚岛的一个风景，甚至经过我面前的游艇还会专门停下几秒。可能是我全身迷彩的打扮，再加上硕大的摄像机，让鸟和人都觉得奇怪吧！

不错不错，又有收获了！在我结束青石滩的拍摄往回走上海西皮岛时，要攀一处峭壁，十来米高，极险。因为我还带了三脚架，所以要分开走两趟才拿

得完设备。就在我第一趟快到顶时，忽然发现我右手攀爬的地方不远处有一只蜘蛛，心里还高兴了一把，又可以多拍一种昆虫了。

拍了几个镜头之后觉得这蜘蛛有点不对劲，它的背很黑，麻呼呼的，有点像黑人的卷毛头。于是探头近看，吓了一大跳，它的背上全是小蜘蛛啊，有好几百只呢！连我这么胆大的人都觉得浑身不舒服。难受归难受，我还是仔细拍了蜘蛛母子们，再难看也是大自然的一部分啊！更何况好看难看都是我们心里的偏见，或许我的小儿子就不会觉得有什么不对劲儿，多半还要用手抓。

也不知道几点了，当我回到小卖部时，门已经锁上了。工作人员吃饭去了，我的晚饭也要等他们看完电视 10 点回来才有着落。

天色开始转暗，风也一阵紧一阵。我静静地坐在小帐篷里的床边写着日记，听李宗盛的歌。

老天开眼，请明早给我一个晴空吧！不管明天怎样，老天还是有眼的，他给了我一个不错的落日，而且还是在乌云满天的情况下。当然，为了这落日，我在冷风中等了快一个小时。

今晚的风大，也好，快把天边的云吹走。这风还不是一般的大，居然把铁门都吹开了，像个怪兽在我的帐篷四周游走，到处撕咬，非要冲进来找我麻烦似的。

可怜的小鸟们一定冻得够呛。

2001年

6月17日

一夜的大风并没有把云刮走，要不就是把别处的刮来了。所幸的是在日出的位置还是给我留了一小块“白天”。再一次拍日出冷静了许多，一切有条不紊，进行得很顺，可惜鸟不肯飞起来。

鸬鹚真是沉默的家伙，很难拍出什么故事，但画面竟然挺美。

磁带仅剩下15分钟了，呜……

2001 年

6 月 18 日

半夜听到招待所隔壁有人敲门说话，说某某高原反应厉害，快拿氧气瓶。3000 米对我来说完全不是问题，将来一定到更高的地方待上一阵，考验一下自己。我到过最高的地方是西藏拉萨到林芝路上的米拉山口，海拔 5000 米，但仅工作了半个小时，不算数。

上午跟着小齐的车到布哈河口，拍到大雁带着小雁在水中的情景，还有黄鸭和它的孩子们。布哈河口还是蛮有拍头的，至少可以多拍到许多种鸟。今天我还见到一对尖嘴长腿、身材和鸽子差不多的鸟，但我叫不出名字。黄鸭和赤麻鸭我也分不清。

我们的磁带终于拍完了。我还把以前拍的一盘洗掉了一点。从中午开始，正式停工了。

此次拍摄有两个不利因素，一是镜头的电动推拉不能实现，二是脚架松动了。解决脚架问题的最终方案是牙签见缝插针法，我们的大脚架上最多时插了十来根牙签，效果好极了。

2001年

6月19日

半夜开始下的雨，一直下到近中午才停。难得的一场雨。我仿佛看见河水涨起来，湟鱼使劲儿地往上游，草场里的草也开始欣欣向荣了。

2001年

6月20日

王采芹终于来了，带了一箱的磁带。

和鹏鹏坐小齐的车去布哈河的西岸。路上忽然遇见两只奇特的鸭子带着十几只小鸭在草原上匆忙奔跑。这鸭长得很怪：高高的冠，一只红的，一只黑的；白色的身子；最奇特的是胸口像红绶带一样，很漂亮。

下午的收获远不止这些。在回来的路上我们还拍到成群溯游的湟鱼，它们总是出现在水流最急的地方，排着队，向上游挺进。更有趣的是它们还有一大部分是沿着河岸游的，密密麻麻地挤在岸边，鹏鹏小齐一伸手就能抓到一条。

王采芹看了拍摄的内容，应该说比较满意，说剩下的重点就是羚羊。我有同感，但是很难。我当然也想看见羚羊蹦蹦跳跳，在沙地，在草场，在各种场合下的镜头。可一只被系着脖套、捆上三条腿的小家伙能干些什么？

2001年

6月21日

这两天拍摄出奇顺利。上午把羚羊牵到鸟房后的草地高坡上拍，还拍了它在沙地上行走的脚步。由于总要设法避开它脖子上的绳套，上午拍摄结束时我的精神都快崩溃了，体力也支撑不住了。

下午到布哈河口，刚过检查站，我们就见到一只野兔，是一只老兔，我和它最接近时不超过20米，它还眯着眼打盹儿呢。

前一段一直没有拍到鸬鹚吃鱼的特写镜头，就在我们拍完河口往回走时，在一处水流里发现了一只受伤的鸬鹚，它为了躲避我们不停地钻入水中，酷似吃鱼的动作，完美极了。

2001年

6月22日

出门已经整整一个月了，就要离开这里了。想到就要回家，嘴不自觉都会咧开。

记事本

雪山飞豹

正值三月，雪豹进入发情期。而我，时隔二十年后再入青海，雪山追豹。

每年春节，奚志农兄跟我相互拜年的时候，他都会笑眯眯在电话的另一头问："你还记得自己的梦想吗？"当然！我甚至还记得他的梦想：把自己这几十年来花了最多的时间精力跟踪的几种动物：滇金丝猴、绿孔雀、雪豹和藏羚羊，拍成纯生态纪录片。不过一转眼，他都满头白发，我也年过半百了。

在青海的高山峡谷里，经过6年的跟踪拍摄，奚志农和他的牧民摄影师们积累了大量的雪豹素材。但是老奚说，他还缺少精彩的雪豹捕猎镜头。雪豹猎捕镜头？这大概是野生动物摄影的顶级梦想吧，这谁能拒绝啊！

正值三月，雪豹进入发情期。而我，时隔20年后再入青海，雪山追豹。

2021年

3月4日

梦狼

清晨做了一个梦，先是家里来了一条狗，大个子，毛茸茸脏兮兮，趴在后门，一直往外看。后门是一条小路，小路在江边的悬崖上，有很多小树，感觉像在川藏边界。我挠了几下那个脏兮兮的脑袋，发现它不理我，注意力一直在外头。我也认真看起来。

小路上的狗越来越多，有六七只，都叫了起来，好像有什么事要发生。我打开门，把屋里的“毛茸茸”放了出去。树枝上，好像很多松鼠在飞，有点意思，我开始掏手机打算拍下来。再一定睛，远处竟然有一条狼慢慢走过来……

很大，巨大。我迅速评估了一下安全，它有可能破门进来吗？但是很快，我决定先把手机准备好，再考虑且战且走。我低头打开手机，进入摄像模式，再举起来，应该花了两秒不到。隔着玻璃，光线减弱很多，为了避免反光杂光，我把镜头尽量贴在玻璃上，画质还不是很好，噪点很大，没关系，拍下来最重要。

有一条比我还高的狼经过我家后门！拍下来啦，稳定性也还不错。就在狼刚刚出画，我发现小路上还有一个身影，是老奚啊！

我隔着玻璃对他大喊：狼！快拍！他没听见，竟然也没看见，一直低头这么走着走着，戴着他永远的遮阳帽（遮白头发）……按照刚才事件发生的顺序，我拍到狼的时候，也一定拍到老奚了，他的个子比狼小太多，所以没有引起我的注意。

我正准备回放拍摄画面的时候，窗外乌鸫狂吼，醒了。一看时间，早晨6:45了。嗯，不管怎样，这一觉睡得足足的，我知道，我已经准备好，可以出发了。

这次青海昂赛拍摄雪豹，奚志农老师已经准备了大批器材，我可以空手出发。这是第一次行李箱里面只有衣服的旅行，难怪我刚才还能顺利塞一双大靴子进去。

我的相机镜头脚架安安静静地趴在家里的角落，它们一定好奇地想，怎么还不把我用你的衣服裹起来啊！

不带自己的器材出门，简直像让我站在树上闭起眼睛往后倒下一样不安。我刚才有那么一分钟纠结，要不要带上尼康P1000呢？3000毫米焦距啊！多适合在高原超远距离拍摄。

万一雪豹在山顶绝壁嗷嗷地叫呢？背后是落日……算了，多一样东西，多一份负担。无论去哪里，我的行李永远是一个背包和一个箱子。再多出来的，都是多余的。哪有武林高手背着十八般兵器出门的？！

福州到玉树，距离3400多公里。明天太阳下山后，我应该就能坐着牧民摄影师的车，抵达昂赛。

正值三月，在青海的一些高山峡谷，雪豹进入发情期。经过 6 年的跟踪拍摄，奚志农和他的牧民摄影师们已经积累了大量的雪豹素材，但是老奚说，还缺少精彩的雪豹捕猎镜头，这几乎是最挑战野生动物摄影师的事了。

生活，就是纪录片。这一段的生活，叫作《雪山飞豹》吧！

飞机起飞前，我忽然想起一件事，赶紧给老奚发了一条消息："可以请来接机的小伙子帮忙买 3 条电热毯吗？"

据说之前住的藏族人家，除了客厅，就是一个杂物间，一个堆满老奚器材的储物间。只有客厅可以生火，老奚说的时候还嘟囔了一句："都是冷得跟冰窖一样。"

电热毯？老奚回了消息说："我怎么没想到？"但是又紧跟了一句："因为以前是太阳能供电。"

现在呢？飞机都快起飞了，他回了一句："后来换成大电网的电了。"然后喘了一口气说，"我也没想过……"

那你到底想不想啊？！

飞机没有起飞几分钟，我也没空想电热毯了。

白花花的雪山，已经扑面而来。

2021年
3月6日

曲朋

飞过无数的雪山、冰湖、荒原，当脚下的世界越来越平坦的时候，玉树到了。

一个30岁出头的小伙子高高兴兴地开着一辆没有车牌的小面包出现了，这就是曲朋。他说这两天一直在跟拍雪豹，路太颠，车牌都弄丢了。

有一头牦牛被雪豹扑杀，所以这两天，雪豹都睡在它的牦牛身边呢！曲朋和另外几位牧民摄影师不断接近拍摄，最近的距离大约10米。被雪豹捕杀的这只牦牛是曲朋亲戚家的，现在被雪豹和兀鹫吃得差不多啦。“哎呀呀，要是能早一天到……”老奚在那边直拍大腿。

苍天啊大地，不超过10米。电热毯，什么是电热毯？！我觉得自己浑身都裹在电热毯里了。曲朋，去年还单枪匹马，在深山里拍摄了雪豹交配的画面，他慢门追拍雪豹下山的照片也帅呆了！

“我们这边牦牛经常被雪豹吃掉的，尤其是小牦牛。”

“啧啧啧，牦牛值钱啊，一定心疼坏了吧？”

“牦牛一头大概可以卖几千块？”曲朋说他们家有60多头，“但是我们的牦牛不卖的，挤奶，做酥油，一年最多杀一头。”

“宁可给雪豹吃掉，也不卖！”他笑起来怎么那么帅。

我坐在车头，抱着曲朋的相机，啧啧啧，索尼A9呢！他的机器和快装板都被磨得铿亮，原来，这世界上有好多比我还勤快的摄影师啊！

几年前曲朋开始喜欢上摄影的，其实他就是喜欢相机，也不知道想拍什么。后来听说奚志农老师在这一带开展“牧民摄影师计划”，奋勇加入，通过坚持不懈的努力，现在摄影已经成为他的职业。

太阳马上就要西沉了，经过一段山谷，老奚说这叫雪豹沟。这时候，我眼前又冒出那只守候在牦牛身边的雪豹的画面，残阳如血，雪豹、牦牛角、雪山……“现在如果我们赶过去，雪豹还会在吗？”

“也许吧。”曲朋不太确定。“现在光线不行了吧……”后面有人嘟囔了一句。确实，等我们抵达，多半太阳下山了，而太阳一下山，气温会急剧下降，我们全身装备都还是应对成都气温的呢。

我就是为了雪豹来的，我掏出几块饼干分给曲朋：“走，去看雪豹，一点机会也是机会。”雪豹可以睡在牦牛身边，我也可以睡在雪豹身边。

帅小伙把饼干往嘴里一塞，二话不说，方向一转，带着我们冲进昏暗的山谷里。

太阳越跑越快，黑暗越来越重，峡谷越来越窄，路也越来越颠簸。有一段陡坡，曲朋的小面包车用了洪荒之力，终于爬不动了。下车，垫石头，徒步前进。

我们以最快速度添置了服装，准备好器材，这其间，我还用一个早就准备好的布袋，迅速用沙土制作了一个豆袋。

昨天曲朋他们也是拍到太阳下山后手电都没电了才回去的。差不多就是这个时间。不过现在他很惊讶，看到我竟然从摄影包里掏出了一盏头灯、一盏 LED 灯、三只手电。

海拔 4000 多米，饭也没吃，刚下飞机，立刻进入“战斗”，确实不舒服。队伍中只有曲朋走得笑眯眯的。

终于抵达事故现场 100 米外，天已经很黑了。雪豹不在了，只有两只藏狗守在现场。

没拍到雪豹，老奚有点遗憾。我说：“哥们儿，今天的场景画面，结合昨天小伙子们拍摄到的视频，已经可以讲一个相当漂亮的故事啦！”

2021年
3月13日

精神洁癖

听说来了外乡人，杂多县检疫局的工作人员专门驱车30公里赶过来给我们做登记。交流很顺利，检疫局的哥们儿热情洋溢地赞美起家乡的美景和丰富的野生动物资源，还诚恳地感谢我们来帮助宣传他们的家乡。

老奚从橱柜里掏出一本《华夏地理》杂志，笑眯眯地指着封面说："你看，这家的主人还上了杂志封面呢！"

在杂多县的小卖部竟然有手机视频点菜项目，让老奚开心得很。这哥们儿对生活还是有要求的，只要有条件，就想尽量吃得可口些。在厨房里西红柿炒鸡蛋的时候，他还自称是野生动物摄影师里最会做菜的人。这种头衔，我想都不想，有吃的就行，当然能吃好更好。

当地最资深的几位牧民摄影师都来了，老奚安排他们和我打个照面。在未来的10天，我们将一起拍摄雪豹的故事。

见面之后，直奔主题，我跟大家分享了一下拍摄记录的注意事项。其实他们都是很有经验的摄影师，他们的镜头曾经凝视过那么多雪豹，简直太成功了，欠缺的只是更好地用镜头讲故事。

关于雪豹的纪录片，曾有位剪辑师把他们之前拍摄的所有素材剪成一个50分钟左右的片子。不过这些素材主要是没有学习过用视频讲故事的牧民摄影师拍摄的，还有不少缺憾。这次老奚和我联手出击，就是希望把一些不足补充完善，尤其是雪豹捕猎和人物故事。

看老奚一头白发，30年凭一己之力，号召“影像保护自然”，真是不容易。

晚餐吃了一半，在一边抱着手机看的老奚忽然放下筷子，神情惆怅。没逼着他吃牛肺啊，啥情况？他默默把手机递给我，上面一只雪豹正在凶猛地捕杀牦牛，牦牛群正在奋勇抗争……

这地方看着眼熟啊！老奚一声叹息：“就是在昂赛，那么多小柏树，这个地貌我太熟悉了。”

可以拍摄雪豹的地方不少，青海、四川、喜马拉雅另一侧的印度……多少摄制组都在努力跟踪拍摄雪豹的故事。有些在几年前已经成片，但至今没有人做出纯雪豹的生态片。

我眼前忽然现出一百多年前一群人奋勇争先，希望第一个抵达北极极点的画面。

老奚给我看的这段视频据说是一位国外摄影师拍摄的。好几年来，他每年花几个月蹲守在这里。这家伙已经拍摄到雪豹猎杀捕食的画面了，而且那么精彩！

说实话，我看着有点低落的老奚，内心暗戳戳地高兴。因为，我的纪录片故事来了……

晚上 8 点多，一个叫布牙的小伙子造访，说他前几天在自己家的山沟里听见雪豹的叫声…… 雪豹通常很安静，除非每年发情时。老奚赶紧把手机里雪豹的声音放给布牙对比，他很肯定那是一样的叫声。

晚上 9 点，奚志农和剪辑师马克进行了一次视频交流，主要是听听马克对即将开始的雪豹拍摄还有什么建议和要求。

这部片子的前期拍摄以牧民摄影师为主，后期由马克独立剪辑，所以在创作上有些脱钩。老奚作为领导者先是一脸惭愧地认真自我批评了一番，觉得自己不够努力，对摄影师们的培训也很不足……马克佯作安慰，然后冷静指出这确实是一个巨大的遗憾（生动展示了一个剪辑师对摄影师的爱和恨）。

他透露了一个秘密给我们，现在国际上很多成功的野生动物捕食的画面是靠无人机拍摄的，多则三四台，仅仅凭借人力加长焦，成功率极低，而且画面故事多半不完整。

怎样才能尽可能靠近而不惊扰到动物，是野生动物摄影师之间永恒的话题。奚志农是一个对野生动物保护有精神洁癖的人，所以，我非常确信这个无人机拍摄的想法将困扰他很长时间。

聊了一会儿，我对马克对纪录片的态度和专业能力十分赞赏。当老奚请我

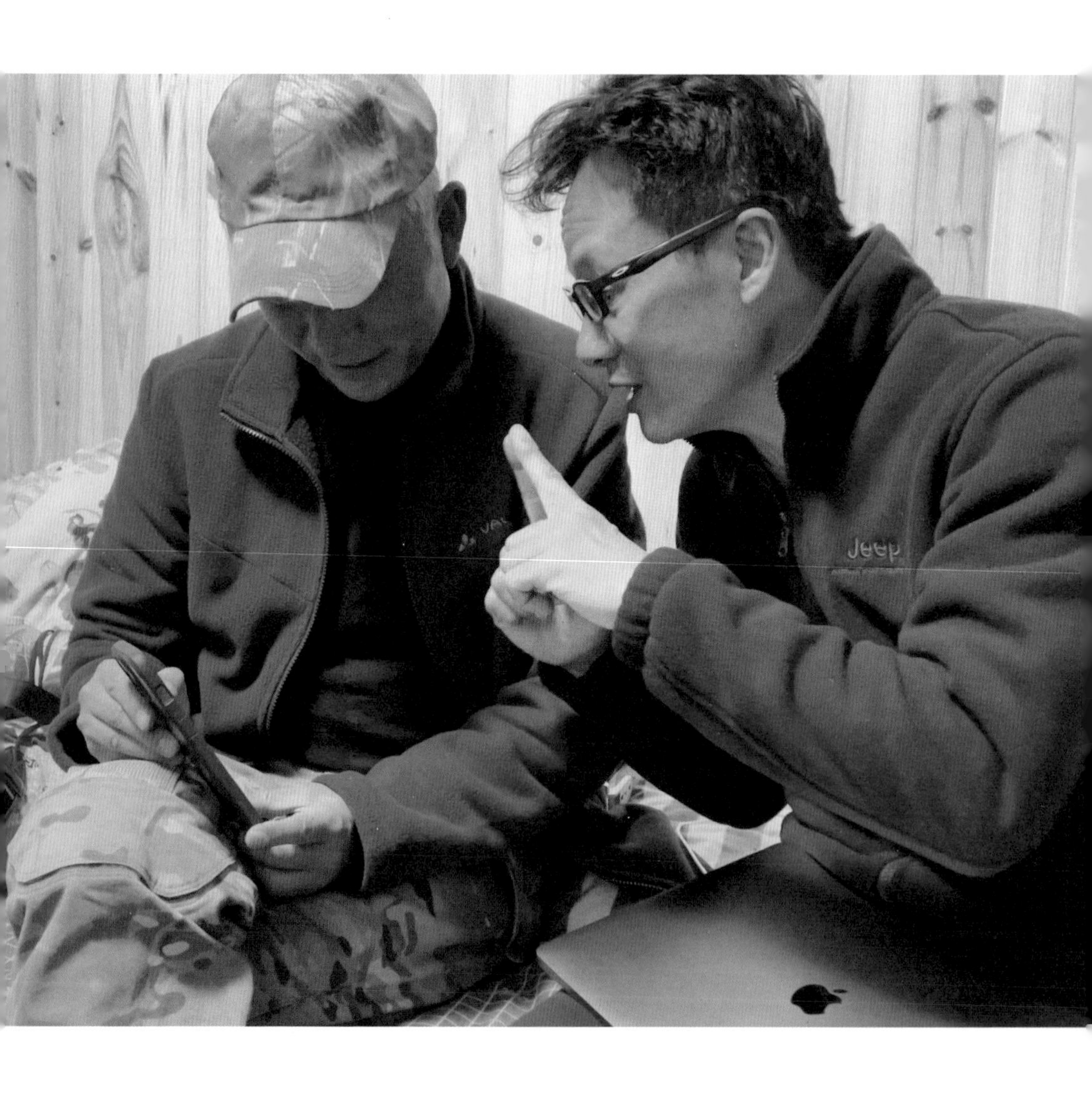
Jeep

和马克聊几句的时候，我提了一个简单的问题：就目前这一部雪豹纪录片，还需要补哪些内容？

马克毫不犹豫地回应；情感表达和情绪营造； 意外惊喜和幽默有趣； 成功或者失败的状态；孩子和幼小生命。

马克还强调，采访交流时一定不要正襟危坐四平八稳，而是应该在事件发生中进行，在情绪的高点进行，就像一扭头跟身边的人在分享。当然，事件进入高潮的时候，人们是不会聊天的，这时候可以在事后马上补拍细节，甚至重复一遍。

看到我拍摄的帅哥曲鹏开车时的交流，他非常直接地说这很无聊。我说这是小伙子拿出相机得意扬扬说自己昨天 10 米距离拍摄到雪豹，他哈哈笑起来：那好那好，如果是现场的分享，更好。

还有一个关于拍摄周边动物的有趣讨论。马克说，在他看来，即便藏狐比较容易拍摄，他都不建议把太多精力放在藏狐上。因为，熊和狼才是跟雪豹更有关系的动物。

最后，马克再三叮咛，一定一定一定不要放弃拍摄雪豹的幼崽……

视频会议到了 10 点，我已经困得不行了，老奚还意犹未尽，被我推出房门。天大地大，睡觉最大，尤其天一亮我就要对付雪豹了。

2021年
3月18日

世界尽头

早餐之后，我们向塞普沟出发，同行的还有3位牧民摄影师。恍惚间觉得我们踏上了通往世界尽头的路。其中有两段是在冰河上开过去的，很过瘾。

路上，达杰想起好多有趣的事。比如，看见一户牧民人家的土墙特别高，还有两层，他笑说这是为了防棕熊的。“因为棕熊会砸墙！” 为啥？它们吃藏粑和做菜的油啊！而且棕熊竟然知道把这两种东西搅拌在一起吃。更惊人的是，这家伙爱喝机油，牧民们经常看见。

在一个山谷的尽头，我们终于抵达目的地。布牙在这里出生、成长，塞普沟就是他的全世界。布牙的爸爸见我们来，披上一件外套，上面有“三江源保护”的字样。在这里，每一户人家都有一个人要参加三江源自然保护工作，也因此有一份劳务收入。

据他说雪豹经常出没在他家后山的石头上。雪豹喜欢石头山，那是它最好的隐蔽所，没有石头的山，雪豹是不会来的。

山头四围一片寂静。闲着也是闲着，我带着几个小伙子到河边坐坐，也许能拍到什么鸟呢，借这个机会正好指导他们使用相机。

老奚也跟着过来了。我脑子里惦记着马克说的“有趣的意外”画面，所以坏坏地希望老奚在冰河上刺溜一下，可惜这老江湖脚下一点不滑。

说说笑笑的时候，大家的眼睛都在往山头各处瞭望，总希望那个神秘的身影能够出现。用影像保护自然，这一直是老奚的心愿。从次丁成为第一个牧民摄影师开始，昂赛已经有 30 多个年轻人拿起相机拍摄野生动物了。

我开始向大家介绍相机的基本常识,发现他们对相机的功能还不是很熟悉。就算如此，他们也拍出过不少精彩的作品，所谓天时地利，职业摄影师也只能嫉妒。

日之夕矣，牛羊也下山了，布牙家的小屋里热闹起来。在这个世界的尽头的塞普沟，只要相遇，都是亲人。

因为太喜欢雪豹了，曲朋有一次看见抖音上有人用红外相机记录的雪豹和它的吼声，还保存下来。在天黑之前，他和布牙闲着无事，抓过一个小喇叭，试着把雪豹的叫声放大，然后玩得越发高兴，干脆把喇叭搬到屋外，说是要对雪豹吼两嗓子……

苍天啊大地！像是回应曲朋的喇叭声，一只雪豹真的就站在了山谷的一个绝壁上傲然挺胸，也发出了嘶吼……

迅速拿上设备赶紧上！老奚的索尼 A1 机身、640 镜头加两倍增距镜以最

新最强阵容出场。而我换上索尼 A7S3 和 200-600 大炮。

我还用手机拍摄了不少热闹的现场拍摄场景，包括奚志农老师、牧民摄影师、布牙家人。有两个小伙子应该是布拉丁和布牙，竟然直奔山顶，跑得和雪豹一样快。有一只狗狗，也冲了上去，还有一只在冰面上滑行……

因为事发突然，我都没来得及穿上羽绒外衣和手套，冻得厉害，两手发麻。雪豹消失在茫茫大山，风很大，大家都撤回屋内。但我还是舍不得离开，总是期待还有一个机会等着我，万一呢?

作为记录者，在重大事件拍摄时，我习惯最早抵达、最迟离开。大家总以为事件发生那一刻才值得记录，我不这么认为。

在寒风中哆嗦了半小时，我终于决定撤退。

远远见我吭哧吭哧往回，老奚一路小跑过来迎接。他跟我欢喜叨叨的时候，我也记录下来了。没错，事情已经发生了，但是故事没有结束呢!

曲朋又有大收获！这些牧民小伙子眼神好、体力好，可以在 4000 多米的大山上像雪豹一样奔跑，体力让人叹为观止。

最后一抹太阳光还在对面山尖，山谷却昏暗下来。现在正是雪豹交配的季节，所以，也是它们一年中唯一会在群山中用呼喊寻找同伴的日子。在茫茫人海，我们都常觉寂寞，不知道高山之王雪豹在这世界的尽头是怎样的感受。

就在我们准备收拾器材进屋晚餐的时候，对面的坡上又传来一声雪豹的吼叫……天哪，它还在！还没有放弃寻找伙伴！

眼睛雪亮的藏族小伙子立马确认了雪豹的位置。紧接着，布拉丁和布牙竟

然飞一样扛起相机冲向对面山坡，向着雪豹靠拢。这些大山里成长起来的孩子，和雪豹一样有着无比强健的体魄和永不放弃的心。

2021年
3月18日

我是萨

从落地玉树开始，老奚的行李箱就没打开过，而我三天没洗过脸了吧！一头冲进高原后，大家心里眼里全是雪豹。所以，当老奚提出要一鼓作气把营地直接搬进赛普沟时，我残忍地拒绝了，我建议大家回玉树休整一天。

除了急需洗澡，我们还缺大量的补给。快熟面、水果、湿纸巾……因为没法洗脸，我的湿纸巾只剩半包，只能在每天临睡前像进行某种仪式一样抽出一张，万分珍惜地抹抹脸、手、脚丫……

从昂赛到玉树，大约3小时车程，回程还有两个人搭车，再加上我们要购买的补给品，车子是没有空间了。老奚和我含泪决定，这趟短途不带相机。

送我们去玉树的是牧民摄影师次丁，他也是“野性中国”发起的牧民摄影师计划里被老奚选中的第一位队员。眼睁睁看着自己的佳能800定焦和相机从汽车后座上拿下来，次丁的脸色像刚被人抢劫过一样：“老师，万一路上遇到藏狐怎么办？”

离开昂赛半小时，“万一”的事就发生了。一群高山兀鹫盘踞公路的右边，在离我们不到 20 米的地方大快朵颐。车上的我们你看看我，我看看你，谁也不说话，只能安静地掏出手机……

后面有辆车停下来，从车窗慢慢伸出一支镜头……次丁忍不住跳下车，看了又看，回来后说不认识人家，只知道他用的也是 800 的镜头。

往前又走了十几分钟，次丁再次停车。公路左侧，有两条狼在溜溜达达。我们再次默默地掏出了手机……

虽然没有相机，我们也陪着狼走一段吧！次丁开始倒车。哎，你说这狼，怎么一点不怕我们呢？距离 20 米左右，嘴角还带着点点血迹的狼，对着镜头撒了一泡尿后，竟然开始过马路！

老奚说有句俗话，叫作“抬枪不遇鸟，遇鸟不抬枪”。管它有没有鸟，一个猎人，不能没有枪啊！目送两条狼慢慢离开，次丁都快哭了，说他都没这么近看过狼。

再走了几十公里后，次丁又停下车，举起望远镜。我可怜的心啊，遇见雪豹都没这么紧张。他说这里有一个藏狐窝，现在是小藏狐出现的时间。当他骨碌骨碌一阵转眼珠后，终于放下望远镜，说没发现情况，我的内心简直要欢呼了。

“今年比较干旱，鼠兔少，所以藏狐也搬家了。”听上去实在有道理，大家纷纷点头。这个，必须搬。

经过一个垭口，次丁说藏民有个习俗，如果在路上遇见狼，要在垭口读一

下经，这样今天会特别好运气……运气真是好啊！经还没念完呢，又有两条狼出现了。“明天来啊，明天我还来的！”次丁不断叮嘱狼。

到了玉树，舒舒服服吃了一碗面、洗了一个澡、睡了一大觉后，老奚带着次丁冲进了超市，买了两个电饭煲、五十斤大米、一堆食物罐头，堆满了车。下午5点，我们继续从昂赛曲朋家出发，去往塞普沟，这时，我们已经“兵强马壮”啦！

藏语里，雪豹叫“萨”。赛普沟的少主人布牙说：“小牛在哪，萨在哪。”今年，他们家已经有一头牦牛被萨吃了（去年有6头）。另一位牧民摄影师布拉丁说他们家那边狼多，去年被狼群和熊吃掉的牦牛，共三十几只……

好在这些家畜都有保险，只要没被猛兽猛禽吃光，尸身还在，保险公司都会给一定的赔偿。一只小牦牛赔1500。

布牙4岁就看见萨了，他说只要小牦牛到西北边的山谷吃草，萨就会来。有小牦牛，萨就必定来，然后还有保险……我瞥了一眼老奚，坏心思开始活动。不过，问都不用问，这哥们儿肯定不会答应。

就在刚才，一只什么鸟撞在玻璃上，殒命归西，老奚把它捧在手里，又是吹气又是拨弄，希望它能醒来。我躲在墙角偷拍这个人相当不理智的行为的时候，心里还真是有一丝小小的感动。也许就是这种悲悯之心，让他的“影像保护自然”一直坚持了30年。

根据牧民的观察，这一带的萨，基本都是下午出来活动。闲着也是闲着，我决定扛上器材，带上布牙四处转转。一群高原山鹑就在门前溜达，我思考了一秒钟，决定放弃，我应当志存高远，向着萨，前进。

我对河谷东边特别有兴趣，因为第一眼见到雪豹就是在这个方向的一块巨石上，那画面像狮子王。所以我决定蹲守在这块石头的对面山坡，正好有一群牦牛在那块石头下吃草。

还没站稳脚跟，布牙就指着前面路的尽头说："老师，岩羊！"水边有3只岩羊正在喝水。我们和岩羊之间全无遮挡，冒进拍摄必定惊扰它们。

岩羊果然看见我们，慢慢顺着山坡向上去了。"老师，一群岩羊！"布牙说话简单直接，但是还挺震撼。果然有十几只岩羊在我们这一侧头顶斜坡上愉快地吃草。

我一定是高原缺氧失心疯了，忽然决定绕道到岩羊前面拍摄。我命令布牙放下背包、扛上脚架跟我轻装上阵。爬了不过15分钟，我的肺就像超速运转的汽车快要爆缸。我把相机交给布牙，让他先上去拍岩羊的视频，要正面的，越多越好。这时候我非常理解，为什么电影里面总有那个场景出现——你先撤，我掩护。

年近半百，在海拔近4500米的地方扛着长焦镜头，在陡峭的山坡上追岩羊，真的疯了。在一个乱石堆爬了三步又滑回原处后，我顺势一屁股老实坐下，爬

三江源国家公园

不动了。

过了十几分钟，布牙回来了，脚步轻快，眼神羞涩，看着我不说话。

“拍到岩羊啦？”

“拍到了。”

“正面？”

“正面。”

“我们下山吧。”

下山路上，我问布牙，如果选择做一种动物，他会选哪一种？布牙呆住了，这个想法超出了他的思考范围。在我举例明示下，他说：“雪豹吧。”

“如果你是雪豹，你会去吃左下边的牦牛还是右上边的岩羊？”布牙又呆了三秒钟：“岩羊吧。”这小子不会跟我一样脑缺氧吧？岩羊跑得那么快爬得那么高，牦牛不更容易吃到吗？布牙眼睛亮亮地看着我说：“老师，我是萨，萨跑得最快。”

布牙说自己很想成为一个野生动物摄影师。好吧，摄影师布牙，我们来练习一次采访，你来问我问题吧！

提问题的布牙，简直要比被采访还不好意思。想了很久，他终于憋出一个问题：“老师，你冷不冷？”

2021年

3月20日

角泽沟

我和布牙才下到半山腰，就听见布拉丁在远远的路边呼唤我们，听不清，但是很着急的样子。

紧赶慢跑回到布牙家，老奚正在一脸兴奋摩拳擦掌，说达杰的弟弟曲桑，在昂赛发现一头牦牛被雪豹捕杀，事发在昨晚。一旦雪豹捕杀猎物成功，会守在猎物边，吃上两三天，这是我们非常好的近距离拍摄时机，大家顿时有一种要发大财的欢喜，带上全部装备马上出发！

赶到昂赛村，才发现这是一条乌龙信息。在曲朋家，老奚一屁股跌坐在沙发上，拽了拽帽檐，说曲桑很少放牛，没有经验，把一头浅色牦牛看成雪豹了。

我提议调整一下拍摄方案，把队伍分成3个小组，好提高我们遇见雪豹的概率。老奚带着布拉丁留守塞普沟，我和曲朋、布牙作为机动团队前往角泽沟，达杰和其他几个伙伴，到昂赛沟。

角泽沟地势狭窄，雪豹如果出现就会一目了然，而且，当地牧民声称他们几天前听到雪豹发情的吼叫。我选择曲朋作为摄影

向导也是有原因的。这家伙机灵活泼，骨子里有股好强的狠劲儿。

刚进角泽沟的狭窄入口，我们就幸运地遇到两只马麝，一只慌慌张张跑过公路、跳上山坡，另一只站在低地树林间呆呆望着我们，它不断翕动鼻翼，看起来并不害怕。曲朋说，它应该是犯困了。

曲朋开车的姿势好奇特，身子趴在方向盘上，使劲儿撑着脖子，脸快贴到挡风玻璃上，骨碌骨碌转着眼珠子，往两侧山坡看。相比之下，路好像是他最不关注的。

一群牦牛忽然受惊奔跑，曲朋的眼睛马上就跟上了，他就像一个荒野侦探，寻找每一个和雪豹有关的蛛丝马迹。一般情况下，雪豹不会轻易袭击一头成年牦牛，因为成功率低，风险大。但也不等于牦牛没有危险。彪悍的雪豹会骑在牦牛颈背上，一直等到牦牛耗尽体力之后再杀死它。

这一带山势陡峭，曲朋最喜欢顺势躺在斜坡上用望远镜细细观察周围。零下好几度的气温，他也毫不在意。当他举起望远镜的时候，我顺着他的手发现，这 30 出头的小帅哥，竟然也有不少白发了。

在大石头后一动不动守候将近一小时，颗粒无收，我们只好继续跋涉。在快要冻僵前，我们终于到达一户人家门前。曲朋提醒我，下车后要抓紧进屋，因为这一带有很多会袭击人的流浪狗："如果你的两只腿都被咬住了，还没捡到石头，就完蛋了。"

屋里的男主人听见院子里的狗叫，迎了出来。他穿着一件小红背心，握着一条湿毛巾，应该是刚洗完澡。

在这里洗澡，是一件相当奢侈的事！前两天为了洗个澡，我专门跑了一趟玉树。说话间，男主人居然拿出一罐润肤膏开始抹脸。我低头打量了一下自己又黑又糙、指甲缝里都是泥巴的双手，有点怀疑人生。

“这是我妹夫。”曲朋的妹妹很快从屋子里出来，拎出一个、两个、三个娃。曲朋也想要两个男孩子，在他们心里，女娃估计不作数。

等男主人收拾停当，奶茶倒上了，才开始进入正题。雪豹昨天还在叫呢，尤其是下午。担心遭它们袭击，这两天小牛都关在院子里。实在要放出去的时候，主人家都要跟在牛旁边。

顺着男主人的指点，我们继续往角泽沟深处前进。天上云层很厚，还有零星雪花飘落。

路尽头又有一户人家。女人在门前收拾肥料袋，远处一个男人在牛群边大声诵读着经文。看见人来，那女人放下手中的活，安安静静地站在那里。曲朋下了车，沉默了好一会儿，才和她叨叨两句藏语，然后问我要不要进去喝口奶茶。

和所有藏族人家一样，客厅茶几上摆满饮料、啤酒、糖、生牦牛肉干……炉子热气腾腾烧着水，热着奶茶。桌面上有一份四年级数学习题本，上面是一些关于货币、距离的换算题。我认真翻看了一下，还行，都会做……

倒好茶，主人不说话，曲朋也不说话，大家沉默地坐着。过了好久，主人像是想起什么，问了一句。又过了很久，炉子边的曲朋像是终于想起什么，应了一句。

趁着女主人出门取东西，我问曲朋：这家人你熟悉吗？他说以前来过一次。那你到别人家喝茶，怎么也不多聊几句，大家安安静静多尴尬啊！

“是吗？没有话说就不说，这样不舒服吗？”

爬过有不知道是雪豹还是狼足迹的土坡，跨过一条嘎吱冰河，走过一片会拽衣服的矮木丛，来到一块凸起的大石前。这里视野开阔，而刚才受惊的牦牛群，就在我们正对面的山坡上。“我们在这观察一下吧。”

天上有两只胡秃鹫飞过，曲朋瞥都不多瞥一眼。他说有国外摄制组来这里拍摄时，他当过三天向导，也是这样每天看啊看的：“不过他们运气不是很好，40 多天只拍到两三次雪豹。”

这一带的山形都相似，浑厚舒缓，山顶上有很多嶙峋的石头尖尖。雪豹很容易隐身其间，伺机发动袭击。这里的风永远那么大，逼得我不低头都不行。

突然间，曲朋指着远处山脊说：“黄老师，你看那边可能有情况！”什么情况？透过镜头我看了半天没看出来。“那边的牛很生气！所有的牛都看着一个方向，大的牛尾巴都翘起来了，往前冲了几步，又停下来。”要是没有受到威胁，温和的牦牛轻易不会做出这样的举动。

下一分钟，我们疯了一样冲下山坡，越过冰河，跳上汽车。等我们开车到刚才牛群聚集的地方，它们已经上到更高的山顶了。看一眼高度，太让人绝望了。我内心已经放弃。把手放在无人机上。

曲朋二话不说，跳下车，扛上脚架和相机，往牦牛对面山上就爬。我待了几秒钟，咬牙跟上了。我们先是在一个山洞口瞭望了一会儿，之后一直上到山脊处。这期间，对面山上发生了什么，我一眼没看，因为我所有的力气都用来喘气了。有一段碎石滩特别难过，我过了几次都滑回原处。最后的那段峭壁简直是 90 度，我一只手举着相机，都不知道自己是怎么上去的。

终于，曲朋走过来接过我手中的相机。“有情况吗？”他平静地摇摇头，转身继续前进。那一下，我觉得自己的肺都要喘出来了。

对面山上的牦牛，继续低着头愉快地啃着地皮，一幅岁月静好的画面。前后的峭壁上，有岩羊在攀岩跳跃。太不可思议了，它们硬邦邦的羊蹄是怎么让自己不掉下峭壁的？即便亲眼看到，我都不敢相信。

天色暗下来，雪飘得越来越急，相机镜筒和机身上已经积满雪粒，我们开始往山下撤退。

再这样追赶下去，我觉得自己也能成为一只雪豹。

2021年
3月21日

昂赛沟

再次出发，昂赛沟寻找雪豹。牧民摄影师次丁和江永加入了我们。次丁是奚志农的爱徒，老奚把自己的佳能800毫米定焦都交给他使用，可见对他是多么喜爱。

昂赛沟比角泽沟、塞普沟开阔大气，雪豹频繁出没此地。昨晚下了雪，世界一片灰白，就像一幅铅笔画。在画面的中间，我们忽然发现一个小小的身影扛着相机在奔跑。江永说，那是他哥哥八丁，也是正在追踪雪豹的自由野生动物摄影师。在高原拍摄雪豹，如果没有雪豹一样的体魄，简直是做梦。

山路土冻得厉害，幸好我们的车备了防滑铁链。越走越荒凉，过了一个垭口，看见一座挺立的雪山，次丁忽然兴奋起来，说这山叫“九号卡”（音），他从小跟着父母就生活在不远的山谷里。

又开了很久，我们来到一个高山盆地，这是大家采挖虫草的地方。接近中午，次丁忽然像变戏法一样，从车里掏出一壶开水和一壶奶茶、几盒方便面以及一些风干牦牛肉。这几天在野外餐风饮雪，天知道我是多么想念一盒热乎乎的方便面啊！

吃完方便面，我们在太阳底下开始愉快地午休。“不管我们是拍雪豹还是喝酥油茶，不就是为了开心吗？”次丁说完，把屁股一撅，一脸扎在垫子上，就睡过去了。肚皮后腰都暴露在海拔 4500 米的冷风里。

江永说这两兄弟是他的侄儿，平时这个牧场是他哥哥在打理，今天他去了玉树的赛马节，就让大儿子回来看管。小儿子从小在牧场长大，几乎没有见过生人，所以害羞得不行。不过一会儿之后大家就有说有笑起来。跟这些简单干净、眼睛明亮的小伙子们在一起，我觉得自己又年轻了好多岁。

黄昏降临，我们依旧没有发现雪豹的踪影。我说当年奚老师拍金丝猴时的口头禅是“猴子的事情不好说”。这几个小伙子立刻来了情绪，说拍雪豹也得有一句口头禅，最后七绕八绕用藏族普通话概括成“雪豹容易看不到”。这些神奇小子怎么也记不住这 7 个字的顺序，每次说起这句话，就像是摇骰子，偶尔说对，总是混乱。

又回到早上的观测点，遇见两个摄影师正吭哧吭哧走在路上，年长的老张说他们好像听见雪豹叫声，可是等了 3 小时，也没见踪影。光线正好，次丁说我们也听听吧，确认一下是不是雪豹。于是他们仨一屁股跌坐在悬崖边，面对着山谷。不到 3 分钟，次丁突然把手指向天空，然后我就见他们 3 个人同时转向我：“有！有！有！真的有！”

还是曲朋眼睛尖，没过几分钟，他就跳到相机前，指着屏幕喊：“快看快

看，两只雪豹正在跑……”坦白说，即便是对着液晶屏，我依旧什么也没看见。在这些小伙子面前，我的眼睛就像摆设。

“来来来，你快拍，我拍你。”

将来有一天，你如果看到这部有关雪豹的纪录片，很多雪豹的画面会是牧民摄影师拍的，而不是奚志农和我或者哪个摄影师拍的。我们的眼睛，早就被电视电脑手机弄残了。“雪豹容易看不到”，庆幸的是我还是能听见它们的吼声。

那两只雪豹在一公里之外的山坡上稍纵即逝。我们又等了半个多小时，太阳下山，悬崖边寒风大作。鉴于刚才那两只雪豹是朝着我们方向过来的，鉴于整整两天才看到这两只牙签那么大的雪豹，鉴于我手上这台索尼 A7S3 相机有超强的夜拍能力，我们决定再等等。

次丁穿得最少，为了御寒，他把一个小口罩都利用起来兜住下巴。还是冷，最后大家都跑动起来，边跑边喊:“雪豹容易看不到！”我好喜欢这几个小家伙，为了让我没有被忽视被疏远的感觉，他们艰难地用普通话交流，以至于他们之间的沟通都出现了问题。

暮色中，雪豹终于再次出现了！可是风太大，即便用的是摄像脚架，长焦相机也在抖动。次丁二话不说，打开羽绒服，挡住风。

天色越来越暗，只剩下相机液晶屏发出的光，照得曲朋和次丁的眼睛也亮亮的。

黑暗中，雪豹朝我们走来，只有 500 米的距离……

感光度 ISO 达到 80000！几乎全黑的环境下，我们仍能继续拍摄，不得不由衷赞叹这台相机出类拔萃的夜拍能力。虽然在这样的光照条件下，也实在拍不出多么精彩的画面，反倒是寒风中次丁盯着雪豹如痴如醉的眼神、曲朋专注坚定的眼神，让我心生震撼和感动。

从卫星图上看，昂赛沟和塞普沟的距离就几公里，再翻几座山就是角泽沟。一只雪豹的活动范围足够涵盖这片领地。真想知道，我们这几天翻山越岭看到的雪豹是不是同一只，每天它们的活动规律都是怎样的。

听说我们在昂赛沟有发现，第二天，老奚也从塞普沟赶来，在太阳照射到之前，我们又到达昨晚拍摄雪豹的位置。

不出所料，几分钟后，雪豹出现在山谷东北的高坡上，距离很远。等大家架好相机，它又纵身跃进山坳里。按照它前进的方向，我们左手山崖处有一个绝佳的拍摄点。

老奚蠢蠢欲动，准备更换狙击位。这些年我习惯独自拍摄，大家都在左边的时候，我会尽量躲到右边。这当然跟我的器材常不如人有关系，不过更多的是心底的小声音：大家都拍一样的画面，多没劲儿啊！

我深信那句古老的谚语：站在屋子里最聪明的人身边。我瞥了一眼曲朋，他看上去并没有更换拍摄点的念头。于是老奚带领主力部队和重型装备转战左手拍摄点，我和曲朋留守这里。

训练有素的大部队很快完成了转移工作。我和曲朋也操起家伙挪到我们这一侧最左侧的山沟边缘。微风渐起，好在太阳慢慢从山谷尽头探出头来了。突然间，曲朋咧开嘴笑了起来，进而鼓起掌来，我这才注意到，这哥们儿两个手套是不同颜色的。

“看见了吗？”

“看见什么？”

他抓起我的相机，按了一张：“雪豹就在对面看着我们啊！”

雪豹就在对面山崖，用标准姿势安静地坐着，一动不动望着我们。距离大约 200 米，这是这道山谷南北两侧最近的距离了吧？

大约 5 分钟后，雪豹转身，轻轻地离开。当它上到远处高坡的时候，我听见左侧主力部队的欢呼声，他们终于看见雪豹了。

曲朋是迈着藏族欢乐的舞步，踩着大家羡慕的眼光，回到人群中的。

2021年

3月23日

塞普沟

昂赛沟机会很多！大部队决定继续留守，我则拉上曲朋重回塞普沟。之前奚老师在塞普沟蹲守两天，没有收获，我总觉得，它该来了吧？

在曲朋的眼里，世界是没有尽头的。这哥们儿竟然直接开着车子，哼着小曲，把车开进了冰河。在冰面上自由旋转，甚至漂移到河对岸，他始终面带着得意的微笑。这里是他的舞台，舞曲他可以随意播放。

绕过路尽头突出的石碶，再往前200多米，隐隐约约的路又出现了，不过也只能看见路边比较高的石头标志。第一次冲击没有成功，曲朋竟然把汽车当成回旋镖，退回原点重新出发。

我已经不担心车子能不能游到前面的路面了，因为前面并没有路面。车子像一条在水面上滑翔的鱼，等着飞不动落回水中的那一刻而已。当它终于在冰河中停下来，我们下车继续行走。

路的尽头，是采虫草人的营地。四周大山环绕，寂静荒凉。我们试着学习雪豹的叫声嗷了几嗓，结果在大石头背后惊出了三头牦牛。这些都是布牙家的“头牛”，这些雄牦牛长期驻扎山里，不赶回家的。它们强壮有力，雪豹轻易不拿它们打牙祭。

可能是上午运气太好？塞普沟仍然未见雪豹。

我一个人在布牙家住下，很快成为他们全家人的焦点。我一举杯子，立刻有人去端水壶倒水，我一站起来，大家立刻开始揣摩我的下一个动作。我打开电脑，所有的眼睛刷地看过来。如果我写文字的话，还会有人在一边轻声念出来。

闲着也是闲着，布牙骑上摩托带我到另一条峡谷去转转。趴在一个十几岁的孩子背后，在颠簸崎岖的山路前进，需要不少勇气。而所谓的勇气，在这些藏族小伙子身上，好像从不缺乏。

在山谷尽头，布牙跟我说：“老师，明天是我的18岁生日，我很高兴你在。”

18岁生日，我能想到最好的礼物是送他一段视频。当然，如果教会他自己拍就更棒了。一大早布牙和布拉丁就被我安排拍摄家庭生活。

清晨8点，布牙的妈妈和两个姐姐起床，收拾厨房和客厅，之后到牛圈把牛赶进山，清理收拾牛粪，再挤牛奶喂小牛，之后到厨房开始做饭……难怪他们早饭吃得晚，实在有太多家务要做。

因为拍摄，我第一次进入牛圈，近距离看见小牛们。它们嫩嫩的牛角、大大的眼睛，一动不动，嘴里偶尔哼哼唧唧说着什么。

牛妈妈被挤过奶之后，才能见到牛宝宝，可是毛茸茸的宝宝们常常没有吃

够牛奶，就不情愿地被拽走了……牛妈妈被挤奶的时候，后腿会被女主人绑住，而牛宝宝吃过奶后，也会被拴在一边。

当我看见牛宝宝和妈妈尽最大努力依偎在一起的时候，把牛宝宝故意放出去吸引雪豹，好让我拍摄捕猎画面的念头，就再也没有了。

下午，太阳出来了，布牙的姐姐把小牛赶出圈，放到对面的山上。哎呀，这不是雪豹期待的时候吗？

一想到雪豹，我的力气和勇气都变得很大，一个人扛起相机脚架，奋勇登上了小牛对面的山坡，躲在一棵小柏树背后，开始守候。我心里多么期待，有

一只雪豹从那个背景是雪山的垭口探出头来，迎着太阳，眼神闪亮。为此我早早准备好相机的焦点和曝光。

我感情还没酝酿好呢，天色就变了，扑簌簌下起了雪，又大又急。可是我更加期待了，你想啊，大雪中，雪豹从对面山石背后探出头来，那多帅！这是摄影师的病吧？即便是离开前的最后一分钟，还在期待不一样的画面出现。

当世界一片白茫茫的时候，小牛终于受不了，逃下山去。

晚饭时候，我为布牙做的生日祝福视频出来了。这段视频，他们家人看了一遍一遍又一遍……然后，恨不得把全桌的美食塞进我的胃里。

动物行为学家调查，大型猫科动物需要大面积的活动范围，雄性雪豹的活动区域大约 200 余平方千米，雌性雪豹活动区域在 120 余平方千米左右。

这 10 天的拍摄，我也在不断思考记录雪豹的最佳时机和地点。想来想去，焦点应该锁定在小雪豹上。小雪豹活动能力有限，活动范围相对固定。尤其是小雪豹出生，必须在山洞里经历至少一两个月的哺乳期。在小雪豹成长期间，雪豹妈妈不得不加大捕猎活动频次，以保证小家伙的生长需求……如果有幸发现小雪豹，雪豹生态纪录片的成功率就会大大提高。

最后这一段视频是我们离开昂赛前的对话。老奚摘下了他永远的遮阳帽，露出满头白发，抹去眼角苦涩的泪，这哥们儿痴心不改："即便如此，还得继续努力……"

这次昂赛之旅，虽然雪豹画面记录得有限，但在我看来，老奚和牧民摄影师的故事一样精彩。

奚志农和我站在昂赛谷的高处，阳光正好，我们即将离开这里。

说来奇妙，我们俩的生活经历竟然有好几分相似。早年我们都在林业系统工作过，之后他去了中央电视台，我到了东南卫视。2000 年前后，《动物世界》拍摄普氏原羚纪录片时，同时邀请我们参加。再后来，我们都离开电视台，追寻自己的梦想。他打造"野性中国"，希望用影像保护自然。而我，10 年航海，10 年记录中医之后，开始做油多拉影像生活，希望影响更多的人，用影像改

变生活。

老奚摘下了他永远的遮阳帽，已是满头白发。自从他下决心拿起摄影机成为一名野生动物摄影师，一路走来快 40 年了。这么长的时间，对于用影像推动自然保护来说，也只是一个开始。“中国人特别缺乏认识自然的渠道，我愿意成为铺路石。”

奚志农凭一腔孤勇，为野生动物保护呐喊，付出了很多。他戴上帽子眯起眼睛：“即便如此，还得继续努力……”

这次昂赛之旅，虽然记录雪豹的画面不算成功，但在我看来，老奚和牧民摄影师的故事同样很精彩。而我自己，在和奚志农这样老友们的同行中，在漫长的记录生涯里，慢慢活成了年少时希望的那个样子。

图书在版编目(CIP)数据

御风行者：油麻菜野生动物拍摄手记 / 黄剑著. -- 武汉：华中科技大学出版社，2022.10
ISBN 978-7-5680-8499-4

Ⅰ.①御… Ⅱ.①黄… Ⅲ.①羚羊－青海 Ⅳ.①Q959.842

中国版本图书馆CIP数据核字(2022)第170783号

御风行者：油麻菜野生动物拍摄手记
Yufeng Xingzhe : Youmacai Yesheng Dongwu Paishe Shouji
黄剑 著

出 品 人：朱晓玲
策划编辑：郭善珊
责任编辑：董 晗
封面设计：伊 宁
责任监印：朱 玢
出版发行：华中科技大学出版社(中国·武汉) 电话：(027)81321913
武汉市东湖新技术开发区华工科技园 邮编：430223
录 排：伊 宁
印 刷：北京文昌阁彩色印刷有限责任公司
开 本：710mm×1000mm 1/16
印 张：16 插 页：1
字 数：75千字
版 次：2022年10月第1版第1次印刷
定 价：128.00元

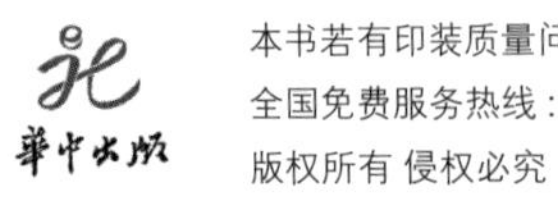